완벽하게 개념잡는
생물
소문난 교과서

개념을 잡아야 중학교 과학성적이 오른다!
윌머트 박사 연구팀이 돌리를 탄생시킨 방법은 생식세포가 아니라 다 자란 동물의 몸에 있는 체세포에서 빼낸 유전자를 이용했다는 점에서 세계의 주목을 받았답니다. 즉 체세포를 이용한 복제 기술을 성공시킨 최초의 실험이었어요.
완벽하게 개념잡는
소문난 교과서
생물
손영운 지음 | 원혜진 그림
....
난 중간유전으로 태어난
'팔로미노'
금색갈기의 말이야!
금색
글담출판사
www.geuldam.com

지은이 **손영운**

서울대학교를 졸업하고 중 · 고등학교 과학 선생님 및 영재 교육 전문가로 활동하면서 중학교 과학 교과서와 교사용 지도서를 편찬했습니다. 퇴직 후에는 과학 작가로 과학기술부 우수과학도서에 7회나 선정되는 등 활발한 활동을 하고 있습니다. 지은 책으로는 『청소년을 위한 서양과학사』, 『엉뚱한 생각 속에 과학이 쏙쏙』, 『아인슈타인처럼 생각하기 1 · 2』, 『꼬물꼬물 과학이야기』, 『교과서를 만든 과학자들』 등 다수가 있으며, '완소 과학 시리즈'를 집필하였습니다. 또한 월간 《뉴턴》에 "손영운의 한반도 과학 여행기"를 연재하면서 우리 땅에 대한 연구에 열심입니다.

전자메일 shonja@hanmail.net

완소 과학 시리즈 ❸

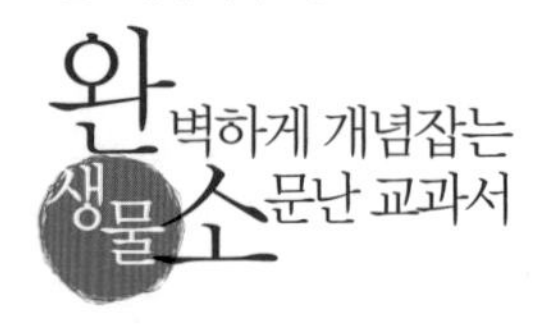

초판 1쇄 인쇄 2007년 8월 10일
초판 9쇄 발행 2018년 1월 20일

지은이 손영운 | **일러스트** 원혜진 | **과학도안** 이재천 | **펴낸이** 김종길 | **펴낸곳** 글담출판사
편집부 박성연 · 이은지 · 이경숙 · 김진희 · 임경단 · 김보라 · 안아람 | **마케팅부** 박용철 · 임우열
디자인부 정현주 · 박경은 · 손지원 | **홍보부** 윤수연 | **관리부** 박은영

출판등록 제7-186호
주소 (121-840) 서울특별시 마포구 양화로 12길 8-6 (서교동) 대륭빌딩 4층
전화 (02)998-7030 | **팩스** (02)998-7924
블로그 blog.naver.com/geuldam4u
페이스북 www.facebook.com/geuldam4u
인스타그램 www.instagram.com/geuldam

ISBN 978-89-86019-76-6 (43400)
잘못 만들어진 책은 바꾸어 드립니다.

「이 도서의 국립중앙도서관 출판시도서목록(CIP)은 홈페이지(http://www.nl.go.kr/ecip)에서이용하실 수 있습니다.
(CIP제어번호:CIP2007001863)」

머리말

다양한 생물체에서 배우는 생물의 개념과 원리!

◆◆ '완소 과학 시리즈' 의 세 번째 책인 '완소 생물' 이 나왔습니다. 생물학은 20세기 중반이 되어서야 제대로 된 과학적 방법으로 생명의 신비를 밝히기 시작했답니다. 하지만 그 발전 속도는 다른 학문에 비해 무척 빨랐습니다. 그래서 21세기를 '생물학의 시대' 라고 하지요. 오늘날 생물학은 우리 인류가 가장 큰 관심을 가지고 있는 질병과 노화, 환경오염, 식량 문제의 해결에 가장 큰 영향력을 발휘하고 있기 때문이에요.

생물학이 다루는 주제는 특히 우리 인체와 관련된 것들이 많습니다. 위와 소장 그리고 대장 등에서 일어나고 있는 소화와 흡수, 심장과 같은 순환기관에서 혈액을 온몸으로 보내는 일(본문 중 "영양소의 소화와 흡수", "혈액의 순환")도 생물학의 주된 주제이죠. 정소와 난소에서 일어나고 있는 생식, 그리고 인간의 유전 등을 다루는 일(본문 중 "사람의 임신과 출산", "사람의 유전")도 모두 생물학에서 하고 있지요. 그 다음으로 많이 다루는 주제는 우리 주변의 생물체와 생태계에 대한 이야기입니다. 생물체를 이루는 세포의 특징과 하는 일, 식물이 영양분을 섭취하는 방법, 최초의 생물이 어떻게 진화하여 오늘날의 다양한 생물을 이루었는가에 대한 내용(본문 중 "현미경과 세포의 크기", "광합성", "생물의 진화") 등을 다루고 있지요. 이 모두가 우리의 몸과 주변의 다양한 생물체에 대해 배울 수 있는 아주 흥미로운 생물학 주제입니다.

그런데 학교에서는 이렇게 재미있고 친근한 주제들을 가진 생물 과목을 암기 과목으로 전락시켜 버렸지요. 무조건 외워야 한다는 생각만 해도 여러분은 지긋지긋하지요? 하지만 『완벽하게 개념 잡는 소문난 교과서-생물』(완소 생물)은 이처럼 잘못된 생각을 바로 잡아 주는 책입니다. '완소 생물' 은 생물학을 이해하는 데 가장 중요한 주제만을 선정한 후, 우리 주위에서 경험할 수 있는 〈생활 속 과학 이야기〉를 통해 생물학이 얼마나 재미있고 우리에게 중요한 과학인가를 보여 줍니다. 예를 들어, 복제 양 돌리의 탄생을 이야기하며 '세포의 기능' 을 설명하고, 할머니들의 허리가 구부정한 원인을 밝혀 '영양소의 결핍' 을 설명하며, 영화 〈괴물〉에 나오는 괴물의 호흡 방법에 모순이 있다는 것을 말하면서 '호흡기관의 특징' 에 대해 설명합니다. 또한 라면을 먹고 자면 아침에 얼굴이 붓는 까닭을 '삼투 현상' 과 연관 지어 식물의 뿌리가 물을 흡수하는 과정을 이야기하지요.

이렇게 우리 주변의 친숙한 이야기를 예로 들어 설명함으로써 억지로 외우지 않아도 생물학의 어려운 원리나 개념을 알게 되고, 이렇게 정리된 개념은 〈완소강의〉를 통해 한 번 더 명확하게 설명되므로, 이 책을 읽기만 해도 생물학의 개념은 저절로 터득될 것입니다. 이렇게 개념과 원리를 자연스럽고 친숙하게 이해한다면 더 이상 암기식 공부 방법은 필요 없을 것입니다.

또한 이 책에는 각 주제의 끝 부분에 〈미리 만나 보는 과학 논술〉을 두어, 2~3개의 서술형 및 논술형 문제를 덧붙였습니다. 이것은 앞으로 학교 시험의 약 50%가 서술형 문제로 출제되는 것에 대한 대비책이기도 합니다. 서술형 문제의 비율이 높아지는 것은 암기식 공부를 원리와 개념을 이해하는 공부로 바꾸기 위한 당연한 길입니다. 그리고 각 대학마다 실시하고 있는 논술형 문제를 공부하는 데 토대가 되기 때문이기도 합니다.

예를 들면, 호흡과 공기에 관해 공부한 후, "고산지대에 사는 사람은 왜 고산병에 안 걸릴까?"라는 문제를 풀면서 고산지대 원주민들의 폐활량과 적혈구 양에 대해 새로운 사실을 알 수 있을 것입니다.

과학 공부는 초 · 중 · 고로 이어지는 단계별 교육 형태를 취하고 있습니다. 따라서 초등학교 시절에 과학의 기초 개념이 제대로 정립되지 않은 청소년들은 중학 과학을 아주 어렵게 공부할 수밖에 없습니다. 아무리 공부해도 과학 성적이 오르지 않는다면, 과학 때문에 평균 성적이 떨어진다면, 개념 정립에 문제가 있는 것은 아닐까 하고 의심해 보아야 합니다. '완소 생물'이 중요한 것도 바로 그런 이유에서일 것입니다. 아무쪼록 '완소 생물'을 통해 생물학의 개념과 원리를 쉽고 재미있게 공부했으면 좋겠습니다. 그리고 과학 논술을 대비하는 데 좋은 길잡이가 되었으면 합니다.

저자 손 영 운

추천사

과학의 개념과 원리를 실생활과 연계해 설명, 교과서와 함께 읽으면 더 좋은 책!

현재 학생들이 공부하는 '제7차 교육과정'의 과학 교과서는 과학의 개념이나 원리를 생활과 연계시켜 학습하도록 하고 있다. 엘리베이터를 타거나, 버스를 타거나, 지하철 개찰구에서 카드로 결제를 하는 것도 과학을 떠나서는 이루어질 수 없는 일이기 때문이다. 하지만 이런 교육목표와는 달리 대부분의 학생들은 여전히 과학을 현실 생활과 동떨어진 '학문'으로 받아들인다. '완소 과학 시리즈'는 이런 생각을 바꿔 주기에 좋은 책이다. 교과서에서 충분히 다루지 못한 생활 속의 과학을 다양하게 보여 주어 개념과 원리를 충분히 이해시키고 있기 때문이다. 따라서 교과서를 보기 전에 이 책을 통해 개념과 원리를 확실하게 다진다면 중학교는 물론 고등학교에 이르기까지 과학 과목에 대한 확실한 자신감을 가질 수 있을 것이다.

이해신(신서고등학교 과학 교사)

개념과 원리가 어떤 형태의 논술문제로 출제되는지 미리 볼 수 있는 기회, 서술형 평가에도 큰 도움이 된다.

최근 중학교 과학 시험은 서술형 문제의 비중을 대폭 늘리고 있다. 따라서 과학의 원리나 개념을 완전히 이해하지 않고 단순히 암기식으로 공부한다면 좋은 점수를 얻을 수 없다. 또 대학입시에서도 '서술형 논술 평가'를 강화하고 있기 때문에 중학교 단계서부터 서술형 문제에 대한 체계적인 연습이 필요하다. 이 책은 각 장이 끝날 때마다 서술형 문제를 풀도록 하여 과학 개념과 원리가 어떤 형태의 서술형 문제로 출제되는지 연계점을 발견할 수 있도록 하고, 또 예시 답안을 통해 자연스럽게 논술 훈련이 되도록 구성되어 있어 서술형 논술 문제를 낯설어하는 학생들에겐 좋은 학습의 기회가 될 것이다.

최승욱 (서울사대부속중학교 과학 교사)

열심히 공부하는데도 과학 성적이 오르지 않아 고민인 학생에게 꼭 필요한 책!

공부는 열심히 하는데 유난히 과학 성적이 오르지 않는 아이들이 있다. 아마도 맹목적으로 암기만을 반복하기 때문이 아닐까? 그러나 과학은 이해하고 응용하는 학문이지 암기하는 학문이 아니다. 현장에서 아이들을 지도하는 입장에서 이런 아이들을 보면 속상할 때가 많다. 이번에 새롭게 나온 '완소 과학 시리즈'는 과학을 공부하는 학생이라면 반드시 알고 넘어가야 할 개념과 원리만을 선별한 후 이를 실생활의 예로 쉽게 설명했다는 점에서 기초가 부족한 학생들에게 일독을 권하고 싶다. 개념을 잘 다지고 출발한다면 쉽게 올릴 수 있는 성적을 너무 어렵게만 공부하는 우리 아이들에게 꼭 필요한 책인 것 같다.

고현덕 (국악고등학교 과학 교사)

contents

제1부 생물의 구성

제2부 소화와 순환

제3부 호흡과 배설

제4부 식물의 구조와 기능

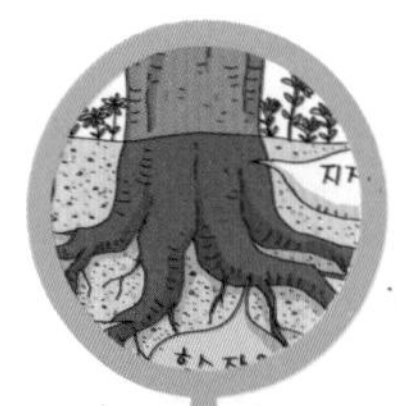

제5부 자극과 반응

제7부 유전과 진화

MILK
CA+

제1부
중학교 1학년

생물의 구성

★현미경과 세포의 크기 세포의 크기와 모양은 어떻게 관찰할까요? ★세포의 구조와 기능 세포는 어떤 기능을 할까요? ★생물체의 구성 단계 물체는 무엇으로 이루어졌나요?

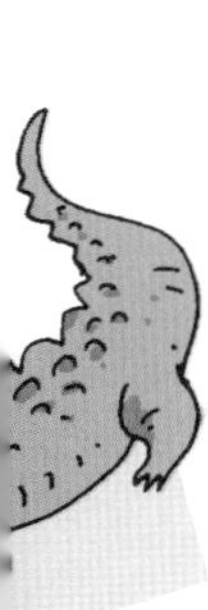

▶▶ 중학교 1학년 **생물의 구성 : 현미경과 세포의 크기**

세포의 크기와 모양은 어떻게 관찰할까요?

만약에! : 달걀이 하나의 세포라는 사실을 여러분은 모두 알고 있겠지요? 달걀만큼 큰 세포는 찾기 어렵지만 우리 몸에서도 세포를 찾아볼까요? 만약에! 현미경이 발명되지 않았다면 세포가 우리 몸을 이루는 가장 작은 단위라는 것도 아마 몰랐을 거예요.

생활 속 과학 이야기 1

몸집이 크면 세포도 큰가요?

작고 약한 동물과 크고 강한 동물을 비교할 때 흔히 생쥐와 사자를 예로 들곤 하지요. 생쥐는 초원이나 사람들의 집 근처에서 사는데, 몸길이는 대략 6~10cm이고, 몸무게는 30g 정도이며 꼬리 길이는 몸길이와 거의 같아요. 반면에 사자는 수컷을 기준으로 보면 몸길이는 1.6~2.4m, 꼬리 길이는 0.7~1m, 몸무게는 150~260kg에 이르는 큰 동물이지요. 생쥐와 사자의 몸무게를 비교해 보면 5,000배 정도 차이가 나는데, 이러한 차이는 어디에서 비롯할까요?

우리는 학교에서 몸을 이루는 가장 작은 단위가 세포라는 것을 배웠어요. 그래서 작은 동물과 큰 동물의 차이를 세포의 크기 차이로 생각하곤 하지요. 즉 생쥐의 세포 크기는 사자나 코끼리의 세포보다 작을 것이라고 생각한다는 것입니다.

하지만 이것은 과학적으로 잘못된 생각이에요. 생쥐나 사자처럼 많은 세포로 이루어진 생물을 '다세포생물' 이라고 하는데, 다세포생물의 몸 크기는 세포의 크기가 아니라 몸을 이루는 세포 수에 의해서 결정된답니다. 다시 말해 사자가 생쥐보다 훨씬 큰 까닭은 사자의 몸을 이루는 세포의 크기가 생쥐의 몸을 이루는 세포보다 크기 때문이 아니라, 사자의 몸을 이루는 세포의 수가 생쥐의 몸을 이루는 세포의 수보다 훨씬 많기 때문입니다.

이것은 어린이와 어른을 비교했을 때처럼 크기가 다른 사람들 사이에도 공통적으로 적용되는 사실입니다.

생활 속 과학 이야기 2

세상에서 가장 큰 세포는 무엇인가요?

봄에 수초 사이를 살펴보면 겨울잠에서 깨어난 도롱뇽이나 개구리가 낳은 알을 쉽게 발견할 수 있습니다. 이때 알들을 자세히 관찰해 보면 조금씩 다른 모습을 보이며 꼼틀거리는 것을 볼 수 있어요. 생명의 신비를 느끼게 하는 장면이죠. 재미있는 사실은, 그 알들은 크기와 상관없이 하나의 세포로 되어 있다는 사실이에요.

앞에서 생쥐와 사자의 몸을 이루는 세포의 크기는 같다고 했는데, 사실 모든 종류의 세포가 같은 크기를 가지는 것은 아니에요. 세포의 크기는 그 종류만큼이나 다양하답니다. 세균 중에는 지름이 0.5㎛('마이크로미터'라 읽어요. 1mm의 $\frac{1}{1,000}$이 1㎛입니다.) 정도밖에 되지 않아 광학현미경으로도 보기 힘든 것이 있죠. 하지만 동물 세포는 대부분 10~30㎛, 식물 세포는 10~수백㎛ 정도입니다.

세포 중에서 큰 것들은 대부분 동물의 알입니다. 알세포는 일반 세포보다 훨씬 크지요. 특히 타조 알은 세포 중에서 크기가 가장 큰 세포로 알려져 있는데, 달걀보다 무려 약 20배나 크답니다. 그렇다면 타조 알 같은 알세포는 왜 이렇게 큰 것일까요?

달걀(오른쪽)과 나란히 둔 타조 알(왼쪽)

알에는 새끼가 부화될 때까지 사용할 양분과 보호 장치가 함께 포함되어 있기 때문에 다른 세포에 비해 훨씬 큰 것이랍니다. 달걀의 경우, 나중에 병아리가 되는 부분은 노른자 윗부분에 투명하게 보이는 부분(노른자를 터뜨리지 않고 달걀을 깼을 때 다른 부분과 쉽게 구별됩니다.)이고, 노른자의 다른 부분은 병아리가 되는 동안 사용할 양분으로 이루어졌어요. 또한 흰자의 경우는 달걀 외부의 충격을 완충하는 역할을 하고, 흰자 속에 있는 하얀 끈 모양의 알끈은 노른자가 달걀의 중앙에 있도록 하는 역할을

하지요.

그러면 타조 알보다 더 큰 세포가 있을까요? 타조보다 훨씬 몸이 컸던 공룡 알도 화석으로 발견된 것을 보면 그 크기가 타조 알 크기보다 작답니다. 타조 알의 크기를 넘어설 다른 세포는 아직까지 발견되지 않았지요.

그렇다면 세포의 크기가 어미의 덩치에 상관없이 일정한 범위 안에 있는 까닭은 무엇일까요? 그것은 세포의 크기가 세포 표면적의 제한을 받아 일정 크기 이상으로 커지지 못하기 때문이에요. 부피는 길이의 세제곱으로 증가하지만 표면적은 길이의 제곱으로 증가하므로 표면을 통한 영양분과 산소의 이동이 제한을 받기 때문이랍니다. 〈완소강의〉에서 좀더 자세하게 알아보아요.

완소 강의

생명의 기본, 세포!

◆◆ 세포를 처음 발견한 과학자, 로버트 훅

1665년 영국의 과학자인 로버트 훅(Robert Hooke, 1635~1703)은 직접 만든 현미경을 이용해서 코르크 조각을 관찰하였습니다. 그 결과 코르크가 방처럼 생긴 구조로 이루어졌음을 발견하였지요. 훅은 이 구조를 '작은 방'이라는 뜻의 라틴어 단어 'cella'에 착안하여 'cell(세포)'이라고 이름 붙였답니다.

훅의 현미경

훅의 현미경은 현미경 본체와 집광장치 두 가지로 구성되어 있다. 전기가 없었던 시대에 언제라도 관찰이 가능하도록 집광장치를 현미경에 부착한 것이다.

◆◆ 현미경 꼼꼼히 살펴보기

현미경의 구조

- **렌즈** : 현미경은 눈으로 들여다보는 쪽의 접안렌즈와 회전판이 붙어 있는 대물렌즈로 이루어져 있는데, 접안렌즈는 길이가 짧을수록 배율이 높고, 대물렌즈는 길이가 길수록 배율이 높습니다.
- **배율** : 렌즈의 배율은 '대물렌즈의 배율×접안렌즈의 배율'로 정

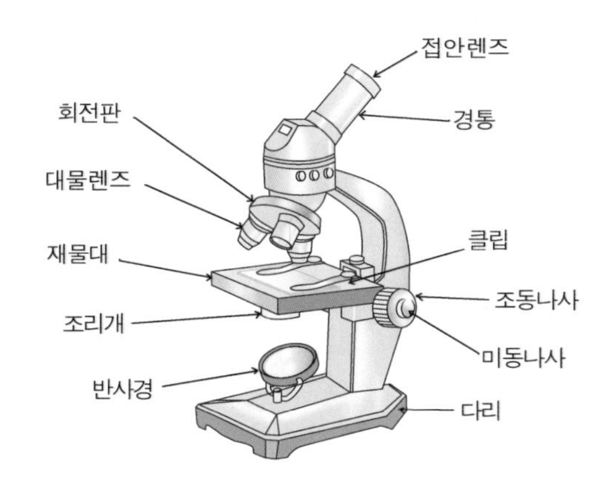

현미경의 구조

해집니다. 보통 접안렌즈의 배율은 ×5, ×10, ×15 등이고, 대물렌즈의 배율은 ×4, ×10, ×20, ×40, ×60, ×100 등입니다. 따라서 접안렌즈의 배율이 ×10이고, 대물렌즈의 배율이 ×20이라면 이 현미경의 배율은 200이 되는 것이죠. 높은 배율이 낮은 배율보다 시야가 좁고, 밝기가 어둡습니다.

- **조절나사** : 조동나사와 미동나사가 있습니다. 조동나사는 경통 또는 재물대를 상하로 움직이게 하는 것으로 초점을 찾거나 대물렌즈와 프레파라트 사이의 거리를 조절할 때 사용합니다. 미동나사는 재물대를 상하로 조금씩 움직여 초점을 정확히 맞출 때 사용합니다.
- **조리개** : 반사경을 통해 들어오는 빛의 양을 조절합니다.
- **반사경** : 빛을 반사시켜 시야를 밝게 합니다. 한 면은 오목거울로, 다른 면은 평면거울로 되어 있는데, 오목거울은 고배율로 관

찰할 때, 평면거울은 저배율로 관찰할 때 사용합니다.

현미경의 사용 방법

❶ 현미경을 직사광선이 비치지 않는 수평한 곳에 놓습니다.

❷ 조동나사로 프레파라트와 재물대 사이의 거리를 넓히고, 배율이 가장 낮은 대물렌즈가 경통의 바로 밑에 오게 한 후, 반사경을 조절하여 시야가 밝게 보이도록 합니다.

❸ 프레파라트를 재물대 위에 놓고 클립으로 고정한 후 조리개로 빛의 양을 조절합니다.

❹ 옆에서 보면서 조동나사로 프레파라트와 대물렌즈 사이의 거리를 최대한 좁힌 후, 미동나사를 돌려 초점을 정확히 맞춥니다.

❺ 두 눈을 모두 뜨고, 한 눈으로는 현미경을 들여다보고 다른 쪽 눈으로는 스케치하는 것을 봅니다.

◆◆ 세포의 크기에 대한 비밀

식물과 동물 등 모든 생명체의 기본인 세포는 계속해서 자랄 수 있고 그 크기도 계속 커질 수 있습니다. 달걀이나 타조 알을 보면 일반적인 세포보다 훨씬 큰 크기를 가지고 있거든요. 하지만 이것은 특별한 경우이고 일반적으로 대부분의 세포는 어느 정도까지 자라면 스스로 더 이상 크기를 키우지 않는답니다. 그 이유는 다음과 같아요.

세포가 생명 활동을 유지하기 위해서는 세포에게 필요한 물질들, 즉 영양분이나 산소, 그리고 물 등을 외부로부터 공급받아야 하고,

이들 물질들은 세포의 중심까지 충분히 전달되어야 합니다. 그런데 세포가 어느 정도 크기가 되면 세포의 표면적이 증가하는 양과 세포의 부피가 증가하는 양이 불균형을 이루게 돼요. 표면적에 비해 부피의 증가량이 훨씬 빠른데, 표면적의 증가량은 길이의 제곱에 비례하고, 부피의 증가량은 길이의 세제곱에 비례하기 때문이지요.[세포의 형태를 '구'라고 가정하면, 표면적은 $4\pi r^2$, 부피는 $\frac{4}{3}\pi r^3$으로 구합니다.(π=원주율, r=반지름)]

다시 정리하면 세포의 표면적은 1, 4, 9……배로 증가하는데 비해 세포의 부피는 1, 8, 27……배로 증가하는 것이지요. 즉 세포 표면적의 증가량에 비해 세포 부피의 증가량이 훨씬 크답니다. 이렇게 되면 세포에 어떤 문제점이 생길까요? 함께 알아봅시다.

세포의 생명 유지에 필요한 각종 물질(영양분, 물, 산소, 무기질 등)은 세포의 표면(세포막)을 통해 공급됩니다. 그리고 그 안에 있는 세포의 구

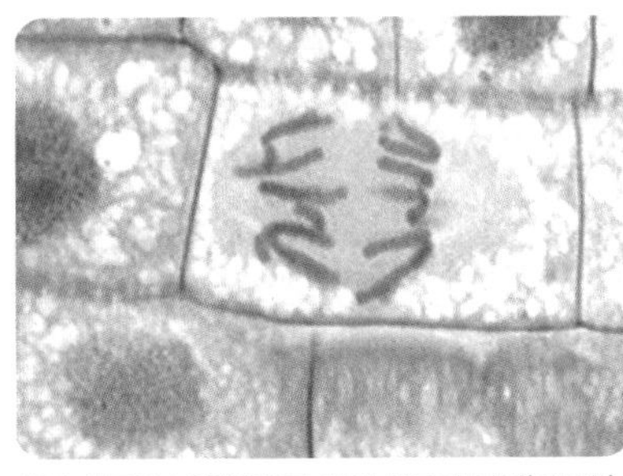
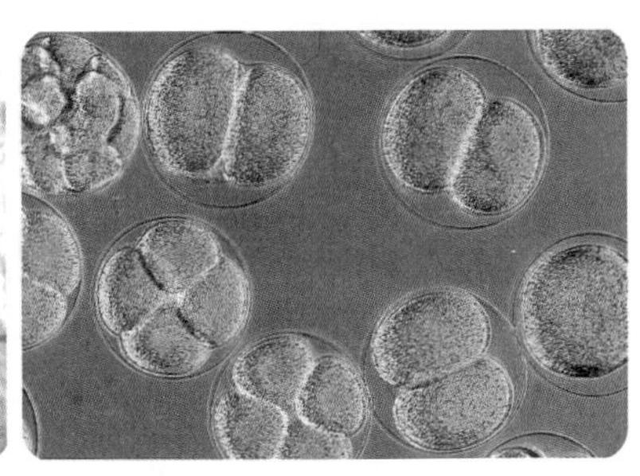

식물 세포의 분열(왼쪽)과 배아 세포의 분열(오른쪽)

사진의 왼쪽은 식물 세포인 양파 표피, 오른쪽은 동물 세포인 어류의 난세포가 분열하는 과정을 나타낸 것이다. 식물 세포는 육면체 모양이고, 동물 세포는 구의 모양으로 입체적으로 생겼다. 따라서 이들 세포가 성장한다는 것은 부피 성장을 의미하는 것으로, 어느 정도까지 커지면 세포분열을 시작하여 표면적이 부피를 감당할 수 있는 상태로 돌아간다.

성 물질(핵이나 세포질 또는 미토콘드리아 등)은 공급된 것들을 사용하여 생명 활동을 유지하게 되지요. 그런데 외부와 접하는 표면적의 양보다 그 안에 있는 세포 구성 물질의 양이 훨씬 많다면 어떻게 될까요? 세포의 표면에 공급받는 물질의 양이 세포 구성 물질이 요구하는 양보다 적게 공급될 수밖에 없겠지요? 영양분이 통과하는 세포막(세포의 표면을 이루는 막)의 크기가 세포 부피의 성장에 비례해서 커질 수 없기 때문이에요. 게다가 부피가 계속 커지게 되면 영양분이 세포의 중심까지 들어가는 시간이 길어질 수밖에 없지요. 따라서 세포 중심부까지 영양분이나 산소 등이 원활하게 전달되기 어렵답니다. 그래서 대다수 세포들은 이 시점에 이르기 전에 세포의 생장을 멈추고 세포분열을 합니다. 결국 세포는 자신이 커질 수 있는 최대한의 크기까지 생장하며, 그 이후에는 세포분열을 통해 세포막(표면적)이 세포질(부피)을 감당할 수 있는 상태로 다시 돌아가는 것입니다.

미리 만나보는 과학논술

현미경과 세포의 크기에 관한 서술형 문제

접안렌즈의 배율이 ×10이고, 대물렌즈의 배율이 ×10이라고 할 때, 현미경의 시야에 양파의 표피세포가 16개가 보였다고 한다. 그러면 대물렌즈의 배율을 ×40으로 바꾸면 시야에 몇 개의 세포가 보일까?

먼저 배율의 변화를 계산해 보자. 접안렌즈의 배율이 ×10이고, 대물렌즈의 배율이 ×10이라고 하면 배율은 10 × 10 = 100으로 현미경의 배율이 100이 된다. 그런데 대물렌즈의 배율을 ×40으로 바꾼다고 하면 현미경의 배율은 10 × 40 = 400이 될 것이다. 즉 배율이 4배로 늘어난 것이다.

그런데 시야에 보이는 세포의 수는 배율이 늘어날수록 줄어든다. 왜냐하면 배율이 늘어날수록 세포의 크기가 그만큼 크게 보이기 때문이다. 이것은 돋보기로 신문의 글자를 볼 때와 같다. 배율의 크기가 큰 돋보기일수록 신문의 글자는 크게 보일 것이고, 돋보기에 보이는 글자의 수는 줄어들 것이다.

현미경의 시야에 보이는 세포의 수도 신문의 글자 수처럼 배율이 늘수록 줄어드는 것이다. 그런데 현미경에서 보는 세포의 크기는 표면적으로 나타낼 수 있다. 표면적은 배율의 제곱에 비례하여 커지는 효과가 나타나므로, 현미경에서 보는 세포의 크기도 배율의 제곱에 비례하여 커진다. 따라서 현미경의 배율이 4배로 늘어나는 경우에 세포의 크기도 '$4^2 = 16$'이 되어 16배로 커지는 것이다. 그러므로 100의 배율을 가진 현미경의 시야에 나타나는 세포의 수가 16개라면, 400배의 배율을 가진 현미경의 시야에 나타나는 세포는 16배로 커진 1개의 세포만이 보이게 된다.

다음 글은 조너선 스위프트(Jonathan Swift)라는 작가가 쓴 『걸리버 여행기』에 나오는 내용으로 걸리버가 릴리풋이라는 소인국에 갔을 때의 이야기이다.

"……황제의 수학자들이 '사분의'라는 천문 관측 기계를 이용하여 내 키를 재본 결과, 자신들보다 내가 12대 1의 비율로 더 크다는 사실을 발견했다고 한다. 따라서 그들은 나와 그들의 신체적 유사성으로 볼 때, 내 몸이 적어도 그들 1,728명을 수용할 만한 크기이며, 따라서 필요한 음식도 그 정도 숫자의 릴리풋 사람들이 먹을 만한 양일 것이라고 결론을 내렸다고 한다. ……"

위의 글처럼 소인국 사람들은 걸리버의 몸이 소인들보다 1,728배 더 크므로 식사량도 그만큼 더 필요할 것이라고 하는데, 이들의 생각이 수학적으로는 맞지만 생물학적으로는 틀린 것이라고 한다. 그 이유를 설명하시오.

책에 나오는 걸리버가 소인들보다 1,728배 크다고 한 근거는 다음과 같다. 소인국(릴리풋) 황제의 수학자들이 걸리버와 릴리풋 사람의 키를 비교한 결과, 그 비율은 12 : 1이었다. 예를 들어 걸리버의 키를 대략 180cm로 할 때, 릴리풋 사람의 키는 180 ÷ 12 = 15cm가 된다는 말이다. 그런데 키는 '길이'로 나타내고, 몸의 크기는 '부피'로 나타내므로 키(길이)의 비가 12 : 1 이라면, 몸(부피)의 비는 세제곱의 비이므로 '걸리버의 몸 : 소인의 몸 = 12^3 : 1 = 1,728 : 1'이라는 결과가 나온다. 따라서 몸의 부피가 소인들보다 1,728배 큰 걸리버는 매일 한 끼마다 소인국 사람 1,728명이 먹는 음식을 먹어야 한다는 결론이 나온 것이다.

하지만 이 계산은 생물학적으로 틀렸다. 왜냐 하면 식사량은 반드시 몸의 크기나 몸무게에 비례하는 것이 아니기 때문이다. 이러한 사실은 주위 사람들의 식사량을 자세히 보아도 알 수 있다. 몸이 크다고 해서 반드시 몸이 적은 사람보다 그 부피의 크기만큼 많이 먹는 것은 아니기 때문이다.

과학자들이 '동물의 몸무게와 식사량의 관계'에 대해 연구한 것을 보면 그 까닭이 분명해진다. 연구에 따르면, 동물이 음식을 먹는 것은 에너지를 얻기 위해서이고, 이는 체온 유지와 밀접한 관계가 있다. 그리고 체온을 잃는 것은 몸의 부피보다는 표면적과 관련이 깊다. 이것은 모든 동물의 생명 활동은 몸의 크기, 즉 부피보다는 표면적이 더 큰 의미를 가진다는 뜻이다. 피부 표면을 통해 열을 내보내고 받아들이면서 체온을 일정하게 유지하기 때문이다. 따라서 체온을 유지하기 위해 먹는 식사량은 몸의 크기인 부피의 비에 비례해서 늘어나는 것이 아니라, 몸의 표면적인 면적에 비례해서 느는 것이다.

예를 들어, 길이가 3cm인 지렁이 하고 27cm인 뱀의 크기와 표면적을 비교하면 크기는 $3^3 : 27^3 = 27 : 19,683 = 1 : 729$의 비율을 가지지만 뱀은 지렁이보다 729배만큼의 먹이를 먹지 않는다. 오히려 표면적인 $3^2 : 27^2 = 9 : 729 = 1 : 81$의 비에 가까운 식사량을 섭취한다.

▶▶ 중학교 1학년 **생물의 구성 : 세포의 구조와 기능**

세포는 어떤 기능을 할까요?

만약에! : 복제 양 돌리가 탄생하면서 공상과학 영화에서 자주 볼 수 있는 복제인간에 대한 가능성을 더 많이 열어 놓게 되었어요. 하지만 복제인간에 대해서는 윤리적인 문제를 놓고 논의가 많답니다. 만약에! 세포에 대한 연구가 발달하지 못했다면 돌리를 탄생시킨 동물 복제 기술도 발달하지 못했겠지요?

생활 속 과학 이야기 1

복제양 돌리는 어떻게 탄생했을까요?

1996년 7월 5일, 영국의 로슬린 연구소의 이언 윌머트 박사는 복제 양 돌리를 탄생시키는 데 성공했어요. 윌머트 박사 연구팀이 돌리를 탄생시킨 방법은 생식세포가 아니라 다 자란 동물의 몸에 있는 체세포에서 빼낸 유전자를 이용했다는 점에서 세계의 주목을 받았답니다. 즉 체세포를 이용한 복제 기술을 성공시킨 최초의 실험이었어요.

복제양 돌리

윌머트 박사 연구팀이 돌리를 복제시킨 방법은 다음과 같이 몇 단계로 이루어졌답니다. ① 먼저 다 자란 6년생 어른 양의 체세포에서 유전자가 들어 있는 핵을 빼냅니다. ② 다른 암양의 난자에서 핵을 제거합니다. ③ 핵을 제거한 난자에 체세포에서 얻은 핵을 넣습니다. ④ 체세포의 유전자를 담은 핵을 넣은 난자를 다시 다른 암양, 즉 대리모의 자궁에 넣고 키웁니다. 그리고 다른 양들처럼 새끼 양을 낳게 하지요. 새끼 양 돌리는 이렇게 해서 세상에 태어났답니다. 돌리는 약 6년 6개월 동안 다른 양들처럼 살았지만 나중에 폐에 질환이 생겨 안락사를 시켰다고 해요.

돌리와 같은 고등동물의 세포를 진핵세포라고 합니다. 진핵세포는 세포 하나에 한 개의 핵을 가지고 있고, 핵에는 생물의 유전 정보를 담은 유전물질인 DNA가 들어 있어요. 따라서 암양의 난자에서 핵을 제거하고, 다른 양의 체세포에서 얻은 유전자를 넣으면 그 난자는 원래 주인인 양의 유전자가 아니라 다른 양의 유전자를 가지게 되는 셈이지요. 다시 말해 돌리의 어미는 돌리를 낳은 암양이 아니라 돌리에게 체세포의 핵을 준 양이 되는 것이지요.

만약에 돌리와 같은 일을 사람에게도 응용할 수 있다면 다음과 같은 일도 가능할 수 있답니다. 세계적인 천재 아인슈타인이 죽기 직전에 그의 몸에서 세포를 하나 떼어 낸 후, 그 세포에 있는 핵을 분리합니다. 그리고 어떤 여자의 몸에서 난자를 빼내어 그 난자에서 핵을 제거합니다. 그런 후 아인슈타인의 몸에서 얻은 핵을 여자의 난자에 집어넣은 후 이것을 다시 다른 여자, 즉 대리모의 자궁에 넣어 키웁니다. 그렇게 해서 태어난 아기는 아인슈타인의 유전자와 똑같은 유전자를 가지게

진핵세포

진핵세포는 '진짜 제대로 된 핵을 가지고 있는 세포'라는 뜻으로, 핵막으로 둘러싸인 핵을 가지고 있다. 사람이나 장미 등과 같은 대부분의 동식물 세포는 모두 진핵세포를 갖고 있다. 반면에 원핵세포는 핵을 가지고 있기는 하지만 원시적인 형태로 핵막도 없다. 원핵세포에 속하는 것으로는 바이러스나 박테리아 등이 있다.

되는 것이지요. 핵에 들어 있는 유전자는 생물체의 설계도로서 생물은 이 유전자에 담겨 있는 유전 정보에 따라 그대로 만들어지기 때문이에요. 이런 일이 가능하다면 아인슈타인은 죽어 이 세상에서 사라져도 수많은 다른 아인슈타인을 만들 수 있는 것이랍니다. 어떻게 생각하면 인간이 신의 영역을 침범하는 아주 무서운 일이 되는 것이죠. 만약에 아인슈타인이 아니라 히틀러나 진시황과 같은 사람들의 복제 아기들을 만든다면 어쩌면 이 세상은 전쟁으로 시끄러워질지도 모를 일입니다.

하지만 이 일은 아주 어려운 일이랍니다. 돌리 탄생 실험 이전에는 277개의 난자에 같은 실험을 했지만 모두 실패를 했거든요. 그런데 양보다 복잡한 구조를 가진 인간을 복제하는 일은 훨씬 어려운 실험이랍니다. 게다가 인간의 이익을 위한 무분별한 생물 복제와 인간 복제는 윤리적인 문제를 피해갈 수 없어서 이 또한 논란의 여지가 많습니다.

생활 속 과학 이야기 2

우리 몸에도 발전소가 있다고요?

갑자기 세상의 모든 발전소들이 사라진다고 생각해 봅시다. 우리의 생활에서 없어서는 안 될 전기를 만들어 공급해 주는 발전소가 없어졌으니 얼마나 불편할까요? 텔레비전을 보지 못하는 것뿐만 아니라 공장들이 가동을 멈춰 원하는 물건을 얻을 수도 없게 되겠죠. 아마 생활이 많이 불편해질 거예요.

세포도 우리 몸에 필요한 물질을 만들기 위해서는 에너지가 필요합니다. 세포에 필요한 에너지는 세포 안에 있는 미토콘드리아가 복잡한 화학 과정을 통해서 만들어요. 그래서 미토콘드리아를 '세포 안 발전소' 라고 부릅니다.

미토콘드리아를 전자현미경으로 보면 겉은 달걀 모양처럼 생겼고, 안은 복잡한 미로처럼 보입니다. 모든 진핵세포에 미토콘드리아가 있는데 세포마다 그 수는 달라요. 즉 우리 몸에서 활발히 활동하는 간세포나 근육세포의 경우 수백, 수천 개의 미토콘드리아가 하나의 세포 안에서 관찰되지만, 지방저장세포와 같은 세포에서는 미토콘드리아의 수가 매우 적습니다.

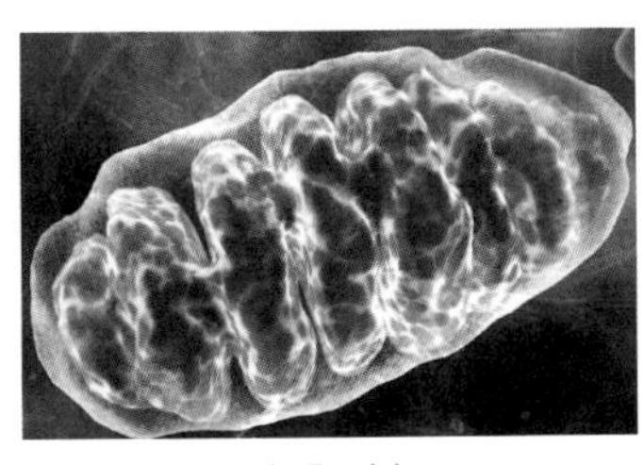

전자현미경으로 본 미토콘드리아

한편 세포 안에서 미토콘드리아와 엽록체는 다른 세포소기관(세포 안에 존재하며 특수한 기능을 담당하는 작은 기관)들과 달리 핵 DNA와 다른 자신만의 DNA를 가지고 있습니다. 과학자들은 이런 특

징을 통해 과거 단세포 진핵세균이 지금의 미토콘드리아나 엽록체의 기능을 하던 원핵세균을 잡아먹었는데 서로의 이익을 위해서 함께 사는 쪽으로 진화한 것이라고 추정합니다. 미토콘드리아나 엽록체가 진핵세균에 들어가 공생하게 된 것이죠.이러한 현상은 지금도 악어와 악어새 같은 생물 사이에서 흔히 볼 수 있는 것으로 일종의 '공생의 원조'라고 할 수 있어요.

공생
서로 다른 종이지만 서로에게 도움을 주며 함께 산다. 악어와 악어새, 말미잘과 흰동가리, 곰치와 청소놀래기 등이 공생관계에 있다.

완소 강의

세포는 어떻게 생겼을까?

◆◆ 세포 꼼꼼히 살펴보기

현미경 성능의 발전으로 세포의 구조가 속속 발견되었는데, 현재까지 알려진 세포의 구조는 크게 원형질과 후형질로 나뉩니다.

원형질

세포에서 생명 활동이 일어나는 곳으로 핵, 세포질, 세포막, 엽록체로 구성된답니다.

- **핵** : DNA가 들어 있으며, 생명 활동의 중심이 됩니다. 대부분의 세포에 한 개씩 들어 있습니다.
- **세포질** : 핵을 둘러싼 유동성 물질로, 많은 세포기관이 분포합니다.
- **세포막** : 세포 안팎으로의 물질 이동을 조절합니다.
- **엽록체** : 햇빛을 받아 광합성이 일어나는 장소로 식물 세포에만 존재합니다.

후형질

원형질의 생명 활동 결과 만들어진 물질로 일종의 노폐물이라 할 수 있는데, 식물 세포에 많습니다. 세포벽과 액포가 대표적 후형질입니다.

● **세포벽 :** 식물 세포에서 세포막의 바깥쪽을 둘러싸고 있는 단단한 물질로, 식물 세포의 형태를 일정하게 유지시킵니다.

● **액포 :** 세포의 생명 활동 결과 만들어진 물질을 저장하는 곳으로, 주로 식물 세포에서 볼 수 있으며 늙은 세포일수록 발달합니다.

◆◆ 식물 세포와 동물 세포의 차이

한편, 세포의 구조에 대한 연구가 진행되면서 훅이 현미경을 통해 본 것은 식물 세포에서만 볼 수 있는 세포벽이라는 것이 밝혀졌어요. 세포벽은 앞에서 설명한 것처럼 식물 세포가 일정한 형태를 유지할 수 있도록 도와준답니다. 또한 식물 세포에는 동물 세포에 없는 엽록

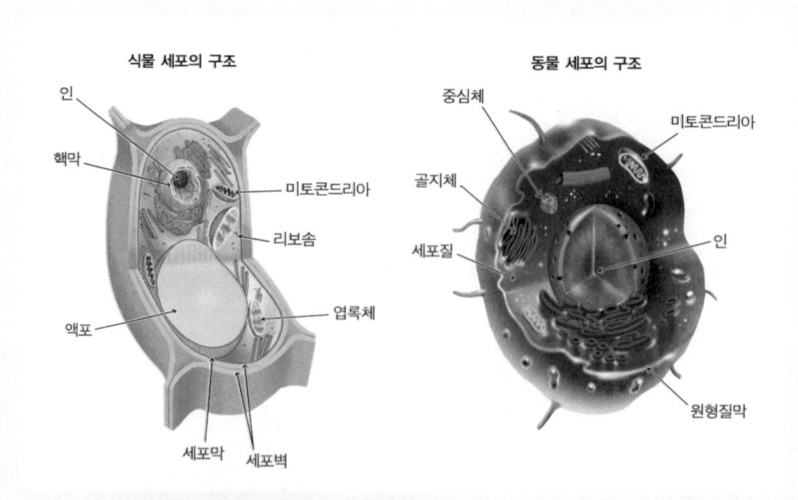

● 인 : 핵 속에 있으면서 리보솜을 이루는 rRNA를 합성한다. ● 핵막 : 핵을 둘러싸고 있는 2중 막이다. ● 리보솜 : 단백질을 합성하는 역할을 한다. ● 중심체 : 핵 가까이에 있으면서 세포분열을 할 때 중심적인 역할을 한다. ● 골지체 : 세포 내에서 합성한 물질을 외부로 분비한다.

체가 있어 광합성을 합니다. 그리고 식물 세포의 액포도 동물 세포에는 거의 발달하지 않았답니다.

미리 만나보는 과학논술

세포의 구조와 기능에 관한 서술형 문제

미국 캘리포니아 주 세코이아 국립공원에 있는 아메리카삼나무는 수령이 600년이 넘는다. 게다가 키가 약 84m, 지름 11m, 둘레 31m로 어마어마하게 크다. 적갈색인 이 나무는 껍질 두께만 61cm이며 무게는 뿌리를 포함해서 약 2,000t으로 추정되는데, 이 나무를 가공하면 약 50억 개의 성냥개비를 만들 수 있다고 한다. 이처럼 식물은 동물에 비해 아주 크게 자랄 수 있는데 그 비결은 무엇일까?

오래된 나무일수록 몸체를 이루는 세포는 주로 섬유질 성분으로 이루어진 세포벽으로 되어 있다. 이들 세포벽은 원래 식물의 줄기에서 물관을 이루던 세포의 것인데, 이 세포들이 생명을 잃은 후에 남은 껍질이라고 할 수 있다. 식물세포는 생명을 다하면 세포벽만 남고 세포 안은 텅 빈 상태가 되기 때문이다. 따라서 우리가 보는 고목의 40~80%는 세포벽으로 되어 있는 셈이다.

반면, 나무를 구성하고 있는 식물 세포는 겉에서는 죽어가지만, 나무 안에서는 세포가 새롭게 만들어지고 또 같은 방법으로 죽은 세포벽을 지속적으로 생산하므로 나무의 덩치는 해가 갈수록 꾸준히 커진다. 따라서 키가 80m가 넘는 아메리카삼나무와 같은 식물이 존재할 수 있는 것이다.

개구리는 아래 사진처럼 아무리 봐도 꼬리가 없다. 하지만 올챙이일 때는 꼬리가 분명히 있다. 그렇다면 올챙이의 꼬리는 개구리가 되는 과정에서 어떻게 사라지게 되는 것일까?

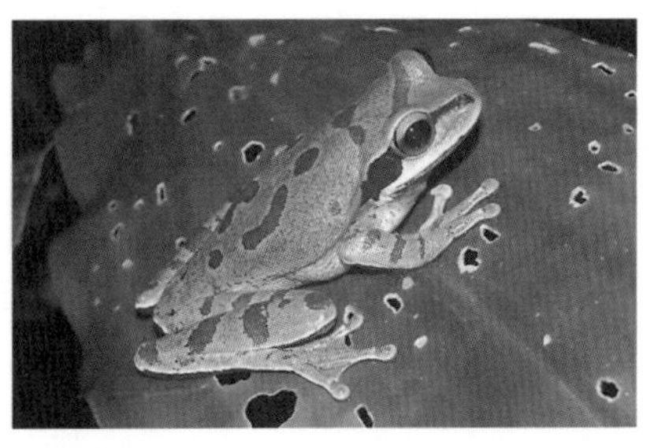

개구리가 되면서 꼬리가 사라지는 이유는 올챙이의 꼬리를 이루는 세포의 유전자가 스스로 세포분열을 멈춤으로써 도태되기 때문이다. 과학자들은 이를 보고 세포 유전자의 자살 프로그램이 작동하여 세포가 스스로 죽기 때문에 일어나는 현상이라고 한다. 마찬가지로 사람의 태아 손가락 사이에는 물갈퀴가 있는데, 이것도 점차 사라진다. 이 현상도 마찬가지로 세포가 스스로 죽음을 택해서 생기는 일이라고 한다.

그 이유는 다음과 같다. 동물의 몸을 이루는 세포들이 살아가는 과정에서 세포분열을 계속 반복하면 유전자 복제에 오류가 발생하여 이상한 세포가 생기거나, 병든 세포가 생길 수 있다. 이를 방치하면 잘못된 세포로 인해서 주위의 다른 세포에 안 좋은 영향을 끼치거나, 자손에게 유전되는 경우가 생겨 종족 보존에 불리해진다. 이와 같은 이유 때문에 유전자는 스스로 세포분열을 멈춤으로써 미리 소멸 과정을 겪는 것이다. 동물이나 사람이 늙고 죽는 일도 결국 이와 같은 과정의 연장선에 있는 일이라고 할 수 있다.

세포핵에서 유전물질을 담고 있는 것을 '염색체'라고 이름 붙인 이유는 무엇인지 설명하시오.

현미경으로 세포를 관찰하기 위해서 프레파라트를 만들어야 하는데 이때 핵의 구조를 효율적으로 살피기 위해 아세트산카민과 같은 염색액을 사용한다. 그런데 우연히도 핵의 유전물질을 담고 있는 염색체는 세포의 다른 부분과 달리 염색이 잘 되어 염색체라는 이름을 얻게 되었다. 하지만 염색액의 종류를 바꾸면 세포의 다른 부분도 염색이 가능하다. 대표적으로 미토콘드리아를 '야누스 그린 B'로 물들이면 녹색이 되고, 혈액에서 혈구는 '김자액'으로 물들인다.

▶▶ 중학교 1학년 생물의 구성 : 생물체의 구성 단계

생물체는 무엇으로 이루어졌나요?

만약에! : 시계를 분해해 보세요. 손으로 집을 수도 없을 만큼 작은 부품들이 질서정연하게 제자리를 지키고 있지요. 우리 몸도 마찬가지랍니다. 만약에! 세포로 이루어지지 않았지만 움직이기도 하고 계속 자라기도 하는 물체가 있다면 그 물체는 생물일까요? 무생물일까요?

생활 속 과학 이야기 1

생물과 무생물은 어떤 차이가 있을까요?

눈이 내리거나 매우 추운 겨울, 시골 집 처마 밑에는 으레 고드름이 달립니다. 처마 밑으로 떨어지는 물이 서서히 얼면서 고드름이 되는 것이죠. 고드름은 추위가 계속되는 동안 마치 대나무밭의 죽순을 거꾸로 매달아 놓은 것처럼 쑥쑥 자랍니다. 그러나 이렇게 쑥쑥 자란다고 해서 우리는 고드름을 생물이라고 하지 않아요. 왜 그런 것일까요? 여러 가지 대답이 있을 수 있지만 구성하는 물질이 생물과는 다르다는 데 제일 큰 차이가 있죠. 같이 쑥쑥 자라긴 하지만 고드름을 이루는 것은 얼음이고, 죽순은 세포로 이루어져 있으니까요.

지붕에서 자라는 고드름

대나무 밭에서 자라는 죽순

생물 중에는 짚신벌레나 유글레나처럼 하나의 세포로만 된 생물도 있고, 소나무나 사람처럼 무수히 많은 세포로 이루어진 생물들도 있습니다. 이처럼 생물들의 몸을 이루는 세포의 수는 각기 다르지만 세포가 몸을 이루는 최소의 단위라는 점은 모든 생물에 공통으로 적용됩니다.

몸이 세포로 구성된 것 이외에 생물은 무생물과는 뚜렷하게 다른 다음과 같은 특징이 있습니다. 생물체는 외부에 있는 물질을 이용해서 자신이 사용할 수 있는 물질로 합성하거나 분해하는 물질대사를 하고, 외부 자극에 반응하여 자신의 체내 환경을 일정하게 유지하려는 성질을 갖고 있어요. 또한 자신과 닮은 자손을 남기고, 그 자손은 발생과 생장을 통해서 완전한 개체로 자란다는 점과 환경에 적응하여 진화한다는 점도 생물의 특징이라 할 수 있습니다.

생활 속 과학 이야기 2

세포가 모이면 무엇이 되나요?

생물의 가장 확실한 특징은 '세포' 입니다. 따라서 생물인 우리 몸도 세포로 이루어져 있지요. 그렇다면 우리 몸을 이루는 세포는 몇 개나 될까요?

키나 몸무게에 따라 세포 수는 달라지지만 흔히 갓난아이의 경우 약

20조 개, 성인 남성의 경우 약 60~100조 개 정도의 세포를 갖고 있는 것으로 알려졌습니다. 그렇다면 이렇게 많은 세포들이 어떤 방식으로 몸을 이루는 것일까요?

우리 몸을 이루는 세포들은 기능이나 형태에 따라 종류가 다양합니다. 피부를 이루는 상피세포, 근육을 이루는 근육세포, 뼈를 이루는 골세포, 감각이나 운동에 관여하는 신경세포, 정세포(정자)나 난세포(난자)와 같은 생식세포, 혈액 속의 적혈구나 백혈구 등으로 나눌 수 있습니다. 이렇게 그 형태와 기능이 비슷한 세포들의 모임을 '조직' 이라고 하는데, 근육은 근육조직, 뼈나 혈액은 결합조직, 피부는 상피조직, 그리고 신경세포들로 구성된 신경조직이 있습니다. 이러한 여러 조직들은 또 일정한 형태를 갖추어 기능을 하는 '기관' 을 형성합니다. 팔, 다리, 눈, 코, 심장, 폐, 위, 소장, 대장 등이 우리 몸의

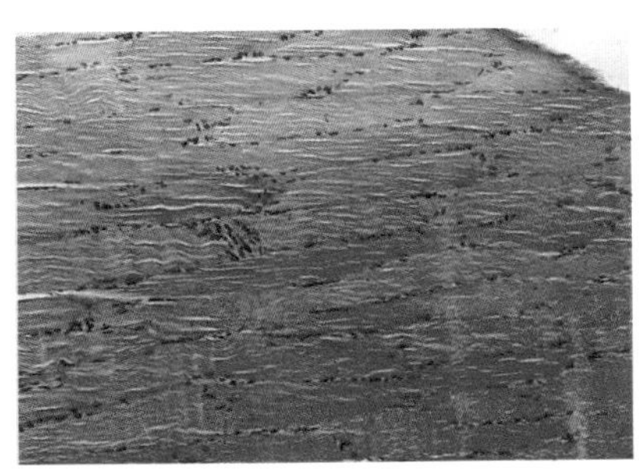
팔과 다리에 있는 골격근을 이루는 근육세포 모양

기관들이죠. 바로 이 기관들이 모여 독립된 구조와 기능을 가지는 완전한 생물체인 '개체'를 이루는 것이랍니다.

식물의 경우도 동물과 같이 세포 ➡ 조직 ➡ 기관 ➡ 개체의 단계로 구성됩니다. 식물 세포들은 모여서 책상조직, 해면조직, 표피조직, 통도조직(물관, 체관 등), 분열조직(형성층, 생장점 등), 그리고 저장조직 등을 형성합니다. 이러한 식물의 조직들은 각각, 뿌리, 줄기, 잎, 꽃 등의 기관을 이루고 이 기관들이 모여 온전한 식물 개체를 이루는 것이랍니다.

각 생물체의 구성에 대한 자세한 내용은 〈완소강의〉에서 같이 알아보아요.

완소 강의

생물체의 정체를 밝혀라!

◆◆ 식물체의 구성

나무나 풀과 같은 식물체는 더 상세히 설명하면 세포 ➡ 조직 ➡ 조직계 ➡ 기관 ➡ 개체로 이루어집니다. 각각의 특징과 역할은 다음과 같아요.

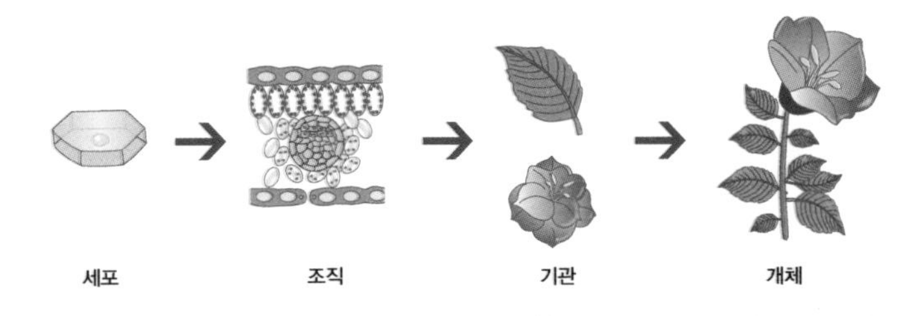

식물체의 구성

조직과 조직계

세포의 모임을 조직이라고 하는데, 비슷한 구조와 기능을 가진 세포들이 모여 특정한 작용을 합니다. 이러한 조직에는 세포가 계속 분열하여 식물체를 자라게 하는 역할을 하는 생장점, 형성층, 관다발 등이 있습니다.

생장점은 식물의 줄기나 뿌리의 끝에 있으며, 세포분열을 하여 식물을 길게 자라게 하고, 형성층은 체관과 물관 사이에 있으며, 식물을 살찌우는 부피 생장을 담당합니다. 또한 관다발을 이루는 물관은 뿌리에서 흡수한 물과 양분이 위쪽으로 이동하는 통로가 되고, 체관은 잎에서 광합성으로 합성된 양분이 각 부분으로 이동하는 통로가 된답니다.

그리고 위와 같은 것들이 모여 일정한 기능을 나타내는 것을 조직계라고 하는데 표피계, 관다발계, 기본 조직계 등이 있어요.

기관

여러 조직이 모여서 일정한 형태와 기능을 나타낼 때, 이를 기관이라고 합니다. 뿌리, 줄기, 잎 등과 같이 양분의 흡수와 이동, 양분의 생산 등 식물의 영양에 관여하는 기관인 영양기관과 꽃, 열매 등과

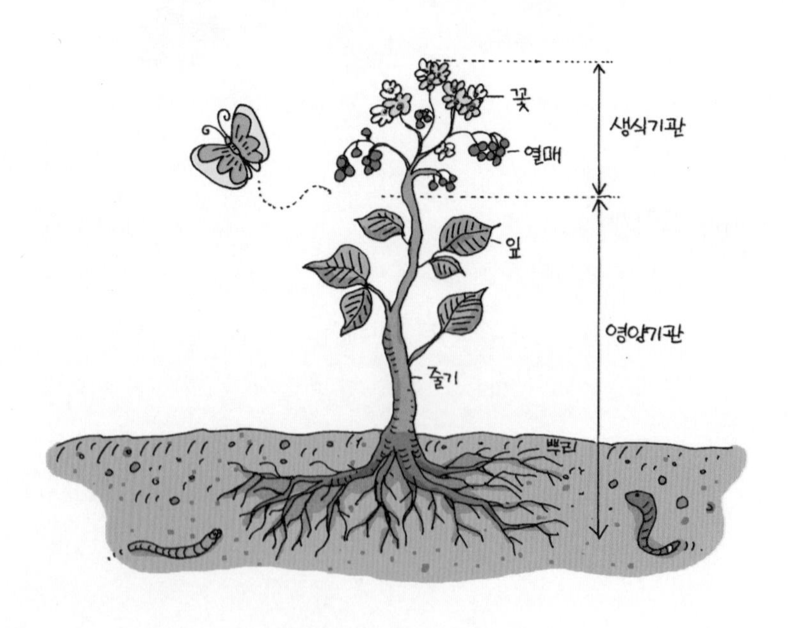

같이 자손의 번식에 관여하는 생식기관이 있습니다.

◆◆ 동물체의 구성

물고기나 토끼 그리고 사람과 같은 동물체는 상세히 설명하면 세포 ➡ 조직 ➡ 기관 ➡ 기관계 ➡ 개체로 이루어집니다. 각각의 특징과 역할은 다음과 같아요.

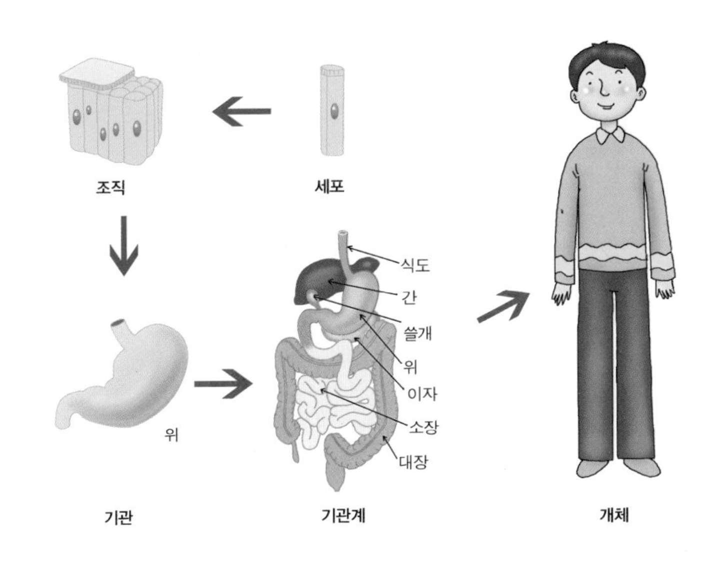

동물체의 구성

조직

식물과 마찬가지로 동물도 세포가 모여 조직을 이룹니다. 사람을 예로 들면, 피부나 눈의 망막과 같이 몸의 표면이나 여러 기관의 표면을 덮어 몸을 보호하고 감각, 흡수 작용 등을 하는 '상피조직', 혈액이나 힘줄, 연골, 뼈 등과 같이 조직이나 기관을 연결하거나 지지해 주는 '결합조직', 골격근이나 내장근, 심장근 등과 같이 몸의 근육과 내장기관을 구성하는 '근육조직', 뇌, 척수, 감각신경, 운동신경 등과 같이 뉴런이라고 하는 신경세포가 모여서 이루어진 '신경조직' 등이 있습니다.

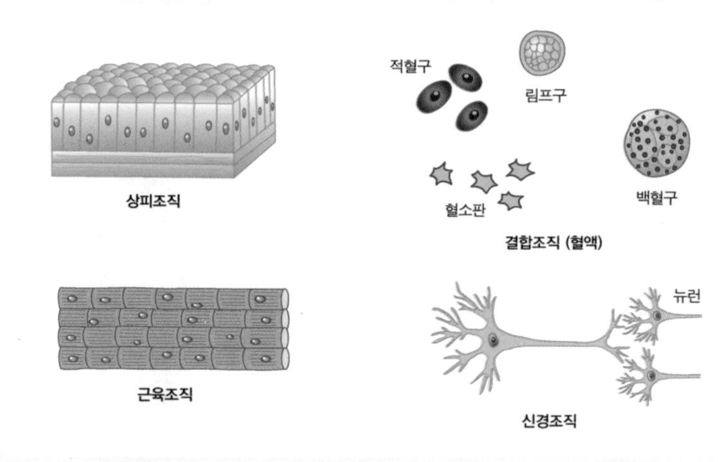

동물의 여러 가지 조직

기관과 기관계

기관은 조직이 모여 만드는 것으로 입, 식도, 위, 간, 소장, 대장, 이자 등과 같이 양분의 소화와 흡수 등에 관여하는 '소화기관', 심장이나 동맥, 정맥 등과 같이 흡수된 영양분과 산소를 온몸에 전달하고, 노폐물을 운반하는 일을 하는 '순환기관', 코나 기관, 폐 등과 같이 영양소를 분해하여 에너지를 얻는 데 필요한 산소를 받아들이고, 이산화탄소를 내보내는 '호흡기관', 정소나 난소와 같이 생식을 담당하는 '생식기관' 등이 있습니다.

한편, 비슷한 기능을 하는 기관들이 모여서 하나의 통일된 작용을 하는 것을 기관계라고 하는데, 소화기관계, 순환기관계, 호흡기관계, 배설기관계, 감각기관계, 생식기관계 등이 있답니다.

미리 만나보는 과학논술

생물체의 구성 단계에 관한 서술형 문제

무생물과 생물의 차이점을 주위의 예를 들어 설명하시오.

무생물인 돌멩이는 바늘로 쿡 찔러도 아무런 반응을 하지 않지만 생물체는 작은 자극에도 반응한다. 또한 생물체는 환경에 적응하려는 특징을 가지고 있다. 예를 들어, 동굴에 사는 박쥐들은 어두워 앞이 잘 안 보이지만 어두운 환경에 적응하여 초음파를 이용하여 날아다닌다. 또한 생물체는 외부로부터 필요한 물질과 에너지를 얻는다. 나무가 햇빛을 좋아하는 것도 이러한 이유 때문이다. 그리고 생물체는 세포로 이루어져 있으며 생식과 번식을 해서 자손을 퍼뜨릴 수 있다는 점이 생물과 무생물의 가장 큰 차이점이다.

장미꽃과 다람쥐를 예로 들어 식물체와 동물체의 차이점을 설명하시오.

장미꽃과 같은 식물체는 다람쥐와 같은 동물체처럼 몸이 세포로 이루어져 있다. 하지만 다람쥐는 장미꽃에 비해 외부 환경에 민감하게 반응하는 코, 눈, 귀와 같은 감각기관과 감각기관의 반응에 따라 몸을 움직이는 근육기관이 발달되어 있다. 이렇게 동물만이 감각기관과 근육기관이 발달한 이유는, 식물은 제자리에서 영양분을 섭취할 수 있지만 동물은 움직이면서 영양분을 섭취해야 하기 때문이다.

제2부
중학교 1학년

소화와 순환

★영양소의 기능 우리 몸에는 어떤 영양소가 필요할까요? ★영양소의 소화와 흡수 음식물은 어떻게 소화될까요? ★혈액의 순환 우리 몸에서 혈액은 어떤 역할을 할까요?

▶▶ 중학교 1학년 **소화와 순환 : 영양소의 기능**

우리 몸에는 어떤 영양소가 필요할까요?

만약에! : 여러분은 패스트푸드 좋아하시죠? 간단하게 먹을 수 있고, 달콤하고 고소한 맛이 입안에 감칠맛을 돌게 하죠. 만약에! 이런 패스트푸드만 한 달 내내 먹게 된다면 우리 몸에는 과연 어떤 변화가 일어날까요? 상상해 본 적 있나요?

생활 속 과학 이야기 1

할머니들의 허리는 왜 구부정하나요?

"꼬부랑 할머니가 꼬부랑 고갯길을 꼬부랑꼬부랑 넘어가고 있네." 어렸을 때 많이 불렀던 동요의 한 소절입니다. 동요의 가사에 나오는 것처럼 허리가 구부정한 꼬부랑 할머니들을 종종 볼 때가 있을 거예요. 그런데 사람들은 나이가 들어 허리가 굽거나 키가 줄어드는 것을 당연하다고 생각하는 경우가 있어요. 하지만 의학에서는 나이가 들어 허리가 구부러지는 것을 질병으로 여긴답니다. 의사들은 이것을 척추압박골절로 나타나는 골다공증의 심각한 증상이라고 말합니다.

허리가 굽은 할머니의 모습

골다공증이란 뼈 조직의 손실로 뼈의 모양이나 길이는 변하지 않고 뼈의 밀도가 낮아지

는 증세를 뜻합니다. 이 병에 걸리면 뼈가 부러지기 쉽고, 한번 부러지면 회복 또한 매우 느리지요. 그렇다면 할머니들이 골다공증에 잘 걸리는 이유는 무엇일까요?

원인으로는 여러 가지가 있지만 그중에서도 몸속에 칼슘이나 인이 부족한 것이 가장 큰 비중을 차지합니다. 우리는 음식물을 통해서 탄수화물, 지방, 단백질 등 3대 영양소를 섭취하고, 또한 이들 3대 영양소 이외에도 우리 몸에 필요한 무기염류, 비타민, 물 등을 섭취하며 살아갑니다. 이 중에서 무기염류는 몸을 구성하는 물질이 되거나 생리 기능을 조절하는 데 중요한 역할을 하는데, 특히 칼슘과 인은 뼈나 이의 구성 성분으로 쓰입니다. 따라서 칼슘과 인을 제대로 섭취하지 않으면 나이가 들어 뼈의 밀도가 낮아져 골다공증에 걸리는 것이랍니다.

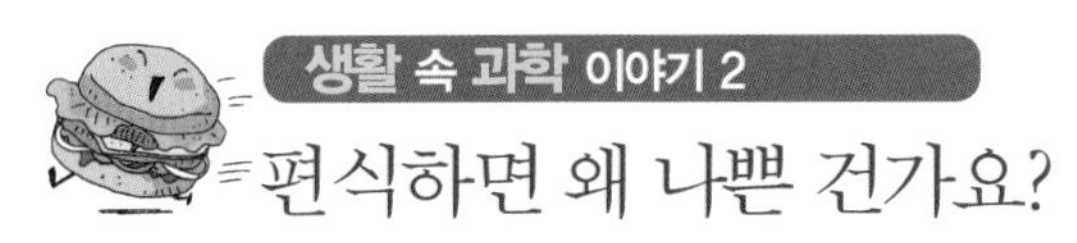

생활 속 과학 이야기 2

편식하면 왜 나쁜 건가요?

모건 스퍼록 감독의 〈슈퍼사이즈 미(Supersize Me)〉라는 다큐멘터리 영

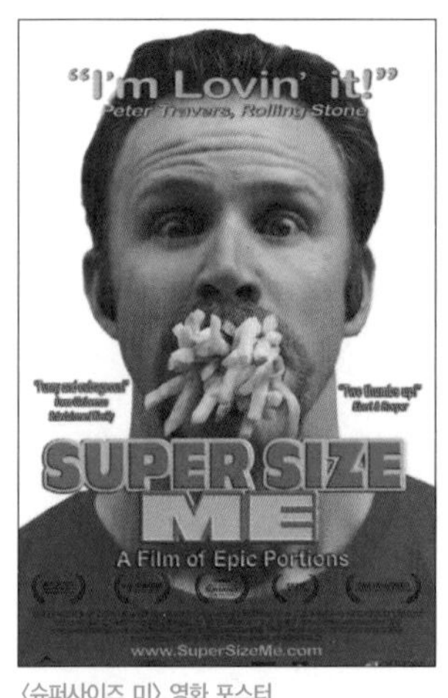

〈슈퍼사이즈 미〉 영화 포스터

화가 미국의 독립영화제인 선댄스 영화제에서 감독상을 받는 등 화제가 된 적이 있었습니다.

〈슈퍼사이즈 미〉는 스퍼록 감독이 패스트푸드의 위해성을 고발하기 위해 직접 30일 동안 패스트푸드(인스턴트 식품)만 먹으면서 자신의 몸이 어떻게 변해 가는지 기록한 영화입니다. 그는 30일 만에 몸무게가 11.3kg이나 늘었고, 고콜레스테롤과 지방간 등의 질병을 얻게 되었어요. 패스트푸드 음식이 우리 몸에 얼마나 해로운지 '몸으로' 직접 보여 준 것이죠. 그 후로 미국 사람들은 패스트푸드에 대해 새롭게 인식하게 되었다고 하네요.

미국 문화의 영향을 많이 받은 우리나라도 패스트푸드에 대해 경각심을 가져야 합니다. 우리나라 청소년들도 패스트푸드에 입맛을 빼앗겨 심각한 편식을 하고 있기 때문이에요. 편식은 어린이들의 육체와 정신 건강에 부정적인 영향을 줍니다.

예를 들어 1,000개의 조각으로 끼워 맞추는 그림 퍼즐이 있다고 생각해 보세요. 1,000개의 조각으로 퍼즐을 맞추려면 상당히 오랜 시간과 많은 노력이 필요하겠지요? 만약 조각이 몇 개 부족하다면 어떻게 될까요? 결코 아름다운 그림이 완성될 수 없을 거예요. 우리 몸도 마찬가지입니다. 우리는 매일 음식을 먹고 소화를 시키죠. 소화란 우리가 살아가기 위해 음식을 통해 필요한 영양소를 얻는 과정을 뜻합니다. 소화

를 통해 얻은 영양소는 우리 몸을 구성하는 물질로 사용되어 몸이 자라게 하거나 상처를 낫게 하고, 우리가 움직일 수 있는 에너지를 만드는데 사용됩니다. 그런데 편식을 하게 되면 영양소를 골고루 얻을 수 없지요. 이러한 상황이 오랫동안 지속되면 영양소 불균형 때문에 생장이나 에너지 생성을 할 수 없게 되고 심하면 건강을 해치게 되는 것입니다.

이렇듯 퍼즐 몇 조각이 빠져서 그림을 완성시키지 못하는 것처럼 우리 몸도 편식을 하면 부족한 영양소 몇 가지 때문에 건강을 해칠 수 있답니다.

완소 강의

우리 몸에 꼭 필요한 영양소

◆◆ 영양소 섭취는 왜 중요할까?

식물이나 동물은 살아가는 데 여러 가지 영양소가 필요합니다. 녹색 식물은 광합성을 통해 필요한 영양소를 스스로 합성하지만 동물은 스스로 영양소를 합성하지 못하고 식물이나 다른 동물을 섭취함으로써 영양소를 얻습니다.

◆◆ 우리 몸의 에너지원, 3대 영양소

우리 몸에 가장 많이 필요한 영양소는 탄수화물, 지방, 단백질인데, 이들을 3대 영양소라고 합니다.

탄수화물은 탄소(C), 수소(H), 산소(O)로 구성되고, 주로 에너지원으로 쓰이며, 쓰고 남은 것은 간이나 근육에 글리코겐의 형태로 저장됩니다. 분자의 크기에 따라 단당류, 이당류, 다당류로 구분하기도 하죠.

지방은 탄소(C), 수소(H), 산소(O)로 구성되고, 주로 에너지원으로 쓰이며, 동물의 몸을 구성하기도 합니다. 지방은 분해되면 지방산과 글리세롤이 됩니다.

단백질은 여러 가지 아미노산 분자가 결합되어 이루어지는데, 구성 성분으로는 탄소(C), 수소(H), 산소(O), 질소(N) 이외에 황(S), 인(P)

등이 있습니다. 주로 몸의 세포를 이루는 원형질의 주성분이 되며, 에너지원으로 사용되기도 하죠.

◆◆ 우리 몸에 꼭 필요한 3부 영양소

3대 영양소처럼 에너지를 내지는 않지만 생물이 살아가는 데 꼭 필요한 무기염류, 비타민, 물을 3부 영양소라고 합니다. 무기염류에는 칼슘(Ca), 인(P), 철(Fe), 황(S), 나트륨(Na), 칼륨(K), 염소(Cl), 마그네슘(Mg), 요오드(I), 구리(Cu) 등이 있어요. 이러한 영양소는 몸의 구성 성분이 되며, 생리 작용을 조절하지요. 예를 들어, 나트륨과 칼륨은 세포 내의 수분을 조절하고 신경 자극을 전달하는 역할을 하며, 철은 적혈구에 있는 헤모글로빈의 구성 성분이 됩니다.

무기염류	기능
칼슘	뼈와 이의 성분, 혈액 응고
인	뼈 · 근육 · 신경의 성분, 삼투압 조절
철	헤모글로빈의 성분
황	단백질의 성분
나트륨	체액의 성분, 삼투압 조절
칼륨	세포의 작용과 관계
염소	체액과 위액의 성분
마그네슘	뼈의 성분, 신경의 작용과 관계
요오드	갑상선 호르몬의 성분
구리	헤모글로빈의 성분

무기염류의 종류와 기능

비타민은 에너지원이나 몸의 구성 물질은 아니지만 적은 양으로 몸의 여러 가지 작용을 조절한답니다. 일반적으로 동물의 체내에서는 합성되지 않으므로 반드시 음식물에서 섭취해야 하는데, 섭취량이 부족하면 여러 가지 결핍증이 나타나기도 해요.

마지막으로 물은 세포 원형질의 주성분으로 체중의 60~70%를 차지하며, 하루에 1~3L가 필요합니다. 생체 내 모든 화학 반응의 매개체가 되며, 혈액 등의 체액과 세포질의 주성분이랍니다. 여러 가지 물질의 흡수와 이동을 용이하게 하며 땀을 통해 체온을 조절하는 일도 합니다.

종류	성질	결핍증	종류	성질	결핍증
A	지용성	야맹증	C	수용성	괴혈병
B1	수용성	각기병	D	지용성	구루병
B2	수용성	피부병	E	지용성	불임증
B12	수용성	악성 빈혈	K	지용성	혈액 응고 지연

비타민의 종류와 결핍증.

미리 만나보는 과학논술

영양소의 기능에 관한 서술형 문제

신문광고 등에서 "완전식품 우유를 마시자!"라는 문구를 종종 볼 수 있다. 완전식품이란 무엇이며, 우유는 정말 완전식품인지 설명하시오.

완전식품이란 사람이 살아가는 데 필요한 영양소가 모두 들어 있는 식품을 말한다. 우유는 대부분의 영양소가 포함되어 있기 때문에 달걀과 함께 완전식품으로 알려져 있다. 그러나 철분이나 비타민과 같은 영양소는 우유에 들어 있지 않다. 우유만으로 필요한 영양소를 모두 섭취할 수는 없으므로 엄격하게 말하면 우유는 완전식품이라고 말할 수 없다.

외계 생명체의 존재를 탐사하는 과학자들은 탐사 대상이 되는 천체에서 제일 먼저 물의 존재 여부를 확인한다. 그 이유는 무엇일까?

생물의 몸 안에서 일어나는 대부분의 생명 활동, 특히 호흡 활동 등은 모두 화학적 반응을 통해 일어난다. 물은 이러한 화학 반응을 일으키는 매개체가 된다. 다시 말해 액체 상태의 물이 없으면 화학 반응이 일어날 수 없다는 뜻이다. 그러므로 물은 생명 활동을 유지하는 가장 기본적인 물질이라 할 수 있다. 그래서 단식을 할 때 음식물은 섭취하지 않아도 물은 섭취해야 하는 것이다.

나이가 들면 아래 사진처럼 골다공증에 걸리기 쉽다. 골다공증은 치료가 쉽지 않아 예방이 꼭 필요한데, 어떻게 예방하는 것이 좋을까?

나이가 들면 식사량이 감소하고, 특히 칼슘 섭취가 부족하여 소화기관에서 칼슘 흡수가 떨어진다. 혈액 속의 칼슘량을 조절하는 비타민 D의 감소도 함께 일어나서 결과적으로 칼슘 부족 상태가 된다. 칼슘 부족 상태에서는 칼슘 생산량을 늘리기 위해 부갑상선호르몬의 분비가 많아지므로 뼛속의 칼슘이 혈액 속으로 빠져나간다. 따라서 뼈의 밀도가 감소하면서 골다공증이 발생한다.

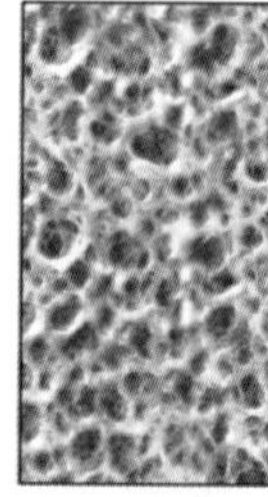
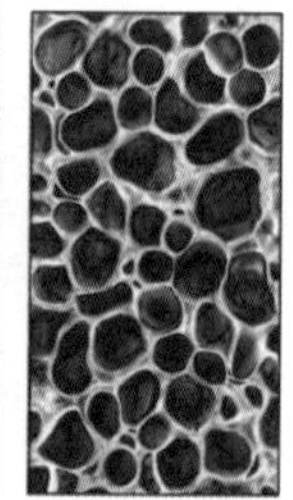

건강한 뼈의 밀도(왼쪽)와
골다공증에 걸린 뼈의 밀도(오른쪽)

골다공증은 치료보다는 예방이 더욱 중요한 질환이다. 이를 위해서 식사는 전체 균형을 생각하면서 칼슘, 인, 단백질, 비타민 D가 많은 음식물을 섭취하는 것이 좋다. 그리고 충분한 운동을 통해 뼈를 튼튼하게 하고, 적절한 일광욕으로 비타민 D를 보충해야 한다.

▶▶ 중학교 1학년 **소화와 순환 : 영양소의 소화와 흡수**

음식물은 어떻게 소화될까요?

만약에! : 여러분 체해 본 적 있지요? 가슴이 답답하고 머리도 아프고, 심하면 토하기도 하지요. 그럴 때면 할머니나 어머니가 등을 두드려 주고 손을 주무르며, 바늘로 따기도 할 거예요. 만약에! 위와 장이 제대로 운동하며 소화액을 분비하고 있다면 이런 증상은 없겠지요?

생활 속 과학 이야기 1

소화를 도와주는 음식도 있나요?

돼지족발 집에 가면 새우젓을 그릇에 담아 주는 것을 볼 수 있습니다. 고기를 새우젓에 찍어 먹으면 고기가 더 연해져서 소화가 잘 되기 때문이라고 하네요. 또 같은 이유로 불고기는 배를 갈아 넣은 양념과 함께 재어 두곤 합니다. 과연 새우젓과 배에는 무슨 성분이 들어 있어서 고기를 연하게 만드는 것일까요?

우리가 먹은 음식물의 영양소들은 우리 몸에 흡수가 잘 되게끔 소화기관에서 작은 분자의 영양소로 분해됩니다. 이때 소화효소가 작용한답니다. 효소는 우리 몸에서 일어나는 여러 가지 반응을 촉진하는 기능을 하는데, 그중 소화효소는 소화에 도움을 주지요.

첫 번째 소화 과정은 음식을 씹으면서 일어납니다. 침 속에 포함된 '아밀라아제' 라는 소화효소가 밥 등에 들어 있는 녹말을 엿당으로 분해시킵니다. 그래서 밥이나 감자 등을 오래 씹으면 단맛이 나기도 하지요.

그리고 음식물이 식도를 통해 위로 내려가면 위액에 있는 '펩신' 이라는 소화효소가 입에서 분해되지 않은 단백질을 분해합니다. 이때 염산이 함께 분비되어 펩신의 작용을 돕고 음식 속의 세균을 죽이는 기능을 하지요.

다음으로 음식물은 십이지장을 통해 소장으로 이동합니다. 십이지장에서는 이자액과 쓸개즙이 분비됩니다. 이자액에는 탄수화물을 분해하는 '아밀라아제', 단백질을 분해하는 '트립신', 지방을 분해하는 '리파아제' 등이 분비되며, 쓸개즙은 리파아제의 지방 분해 작용을 돕는답니다.

돼지족발을 새우젓과 함께 먹고, 불고기에 배즙을 넣어 먹는 이유는 모두 소화를 잘 시키기 위해서입니다. 새우젓과 배즙에는 지방과 단백질을 분해하는 효소가 포함되어 있기 때문이죠. 그러므로 이들을 먹으면 음식을 씹는 과정에서부터 영양소 분해가 일어나 소화 과정이 단축되므로 소화가 잘 된다고 느끼는 거예요. 우리가 먹는 소화제의 주성분도 결국 소화효소들이랍니다.

생활 속 과학 이야기 2

음식을 먹을 때 체하는 이유는 무엇인가요?

음식을 급하게 먹고 난 후 속이 답답하고 등에서 식은땀이 흐르며, 구토까지 하게 되는 경우가 있습니다. 체했을 때의 증상이지요. 심하게 체하면 응급실까지 가게 된답니다.

음식물의 변화 상태에 따라 우리 몸의 소화 과정은 소화효소를 이용해 음식물을 화학적으로 변화시키는 '화학적 소화'와 음식물의 물리적 변화를 통해 화학적 소화가 쉽게 일어날 수 있도록 하는 '기계적 소화'로 나눌 수 있어요.

기계적 소화는 크게 음식물을 씹는 저작운동과 음식물을 섞는 혼합

운동, 음식물을 이동시키는 연동운동으로 나눌 수 있어요. 음식물을 먹고 체하는 것은 이 중에서 식도의 연동운동에 문제가 생겨 일어나는 일입니다. 연동운동은 음식물을 다음 소화 단계로 이동시키는 운동을 말하는데, 음식을 급하게 먹으면 식도나 식도와 위가 만나는 부분에서 연동운동이 원활하게 일어나지 않는 경우가 생기지요. 이처럼 음식물이 소화되지도 내려가지도 않는 상태를 "체했다."라고 이야기하는 것이랍니다.

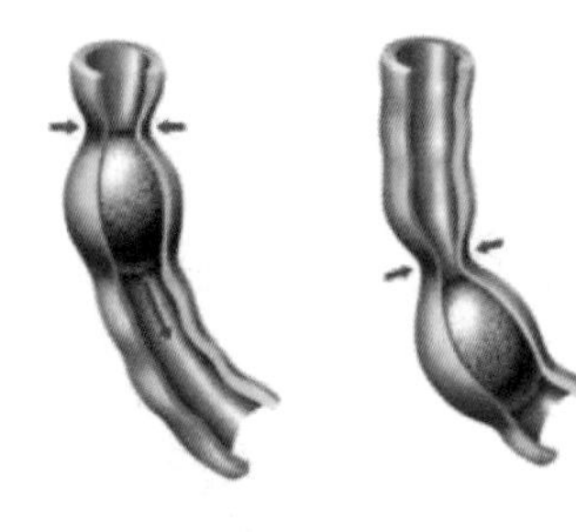
연동운동을 하는 모습

완소 강의

배에서 나는 꼬르륵 소리의 정체

◆◆ 소화와 소화기관이란?

소화란 우리가 섭취한 음식물 속에 들어 있는 영양소를 우리 몸이 흡수할 수 있을 정도의 작은 크기로 분해하는 과정을 말합니다. 녹말은 포도당으로, 단백질은 아미노산으로, 지방은 지방산과 글리세롤로 분해합니다.

소화기관은 입에서 항문(입 ➡ 식도 ➡ 위 ➡ 소장 ➡ 대장 ➡ 항문)까지 연결된 긴 관으로 음식물이 지나면서 소화가 일어나는 곳이랍니다.

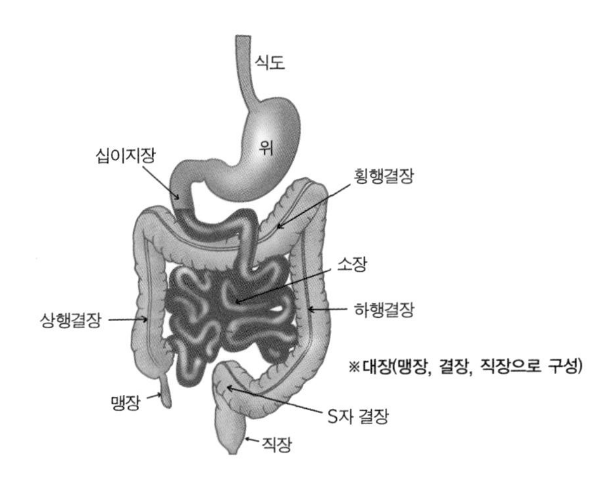

우리 몸의 소화기관

◆◆ 소화는 어떤 과정을 거칠까?

소화는 입 ➡ 위 ➡ 소장 ➡ 대장을 거쳐 가면서 기계적 소화와 화학적 소화를 병행하여 이루어집니다.

입 안에서의 소화

- **기계적 소화** : 이(치아)는 음식물을 씹어서 잘게 부수고, 혀는 음식물을 침과 잘 섞어서 식도로 넘깁니다. 또한 식도는 연동운동을 해서 음식물을 위로 보내는 일을 하죠.
- **화학적 소화** : 음식물이 입 안에 들어오면 반사적으로 귀밑샘, 혀밑샘, 턱밑샘 세 곳의 침샘에서 침이 나와 녹말의 소화가 이루어집니다. 침 속에는 아밀라아제라는 소화효소가 들어 있어 녹말을 엿당과 덱스트린으로 분해하지요.

위에서의 소화

- **기계적 소화** : 위벽 근육의 수축운동으로 음식물을 위액과 잘 섞어 죽과 같은 상태로 만든 다음, 연동운동을 통해 음식물을 십이지장으로 보냅니다.
- **화학적 소화** : 위샘에서 분비된 위액 속에는 점액, 염산, 펩신이 들어 있는데, 이 중에서 펩신이 화학적 소화를 담당하는 효소로 단백질을 펩톤으로 분해합니다. 그리고 염산이 분비되어 음식물 속의 세균을 죽여(살균작용) 음식물의 부패를 방지하며, 펩신의 작용을 돕습니다.

소장에서의 소화와 흡수

● **기계적 소화** : 소장 벽이 부분적으로 수축과 이완 운동을 함으로써 위에서 내려온 음식물이 소화액과 잘 섞이도록 합니다. 또한 연동운동으로 소장의 잘록한 부분이 뒤로 밀려가면서 음식물을 아래로 내려 보내지요.

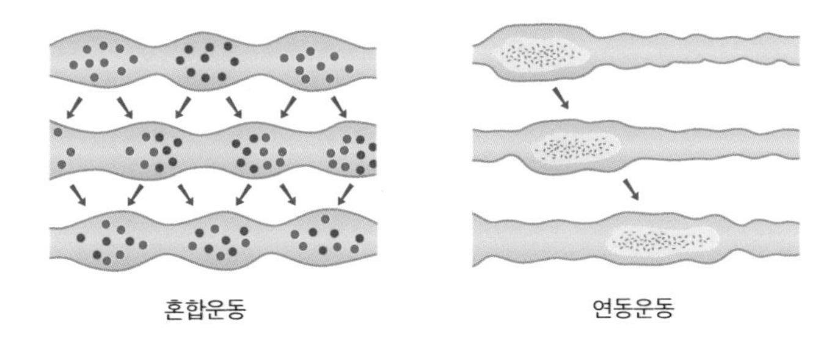

소장의 운동

● **화학적 소화** : 이자에서 만들어져 십이지장으로 분비되는 이자액, 간에서 만들어져 쓸개에 저장되었다가 십이지장으로 분비되는 쓸개즙, 장의 융털 돌기 사이에 있는 장샘에서 분비되는 장액에 의해 탄수화물, 지방, 단백질이 모두 소화됩니다.

● **영양분의 흡수** : 소장 안쪽 벽의 주름 표면에 수없이 많이 나 있는 융털은 표면적을 넓혀 주기 때문에 소화가 끝난 영양소가 효율적으로 흡수될 수 있게 합니다. 게다가 융털의 표면은 한 층의 표피세포로 되어 있어 영양소가 잘 통과한답니다. 융털의 중앙에는 림프관에서 모세혈관 쪽으로 이어져 나온 암죽관이 있습니다. 암

죽관에서는 지용성 양분인 지방산, 글리세롤, 지용성 비타민 등을 흡수하지요. 한편, 융털의 암죽관 주위를 무수히 많은 모세혈관이 그물처럼 둘러싸고 있는데, 이 모세혈관에서는 수용성 영양분인 포도당, 아미노산, 물, 무기염류, 수용성 비타민 등을 흡수한답니다.

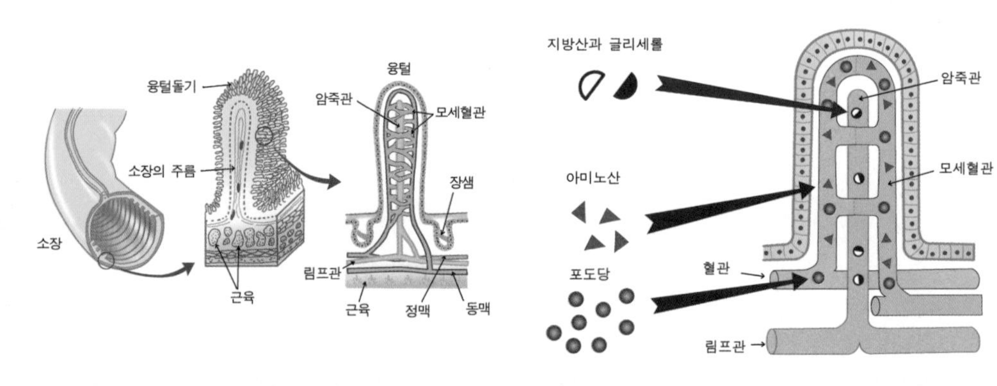

소장의 내부와 융털의 구조

영양소의 흡수

대장의 작용

대장은 길이가 약 1.5m이고 소장보다 굵으며, 맹장, 결장, 직장의 순서로 배열되어 있습니다. 소화효소가 없어 소화작용은 일어나지 않으며, 주로 소장에서 흡수되고 남은 물이 흡수됩니다. 또한 대장균과 같은 세균에 의해 찌꺼기가 분해되어 가스가 발생하지요. 대변은 소화되고 남은 찌꺼기가 굳어진 것인데, 대장의 연동운동으로 항문을 통해 몸 밖으로 배설된답니다.

◆◆ 흡수된 영양소의 이동과 저장

모세혈관으로 흡수된 영양소는 오른쪽 그림처럼 모세혈관 ➡ 간문맥 ➡ 간 ➡ 대정맥(상대정맥 · 하대정맥) ➡ 심장 ➡ 대동맥 ➡ 온몸으로 이동하며, 암죽관으로 흡수된 영양소는 가슴관 ➡ 쇄골하정맥 ➡ 심장 ➡ 대동맥 ➡ 온몸으로 이동합니다.

또한 일부 영양소는 몸에 저장되어 다음에 사용되기도 하는데, 포도당의 경우 일부는 간에 글리코겐의 형태로 저장되고, 나머지는 온몸의 조직세포로 운반되어 에너지원으로 쓰입니다. 아미노산은 세포로 운반된 후 다시 단백질로 합성되어 원형질의 재료가 됩니다. 그리고 지방산과 글리세롤은 지방으로 재합성되어 암죽관으로 흡수되며, 온몸의 조직세포로 운반되어 에너지원으로 쓰이거나 피부 밑에 저장되기도 합니다.

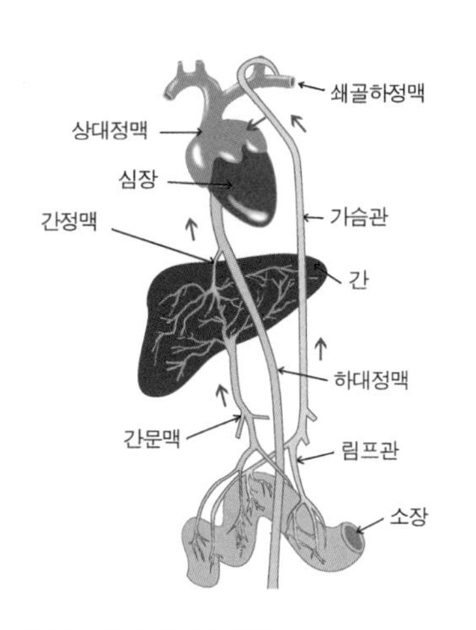

흡수된 영양소의 이동 경로

미리 만나보는 과학논술

영양소의 소화와 흡수에 관한 서술형 문제

배가 고프면 왜 '꼬르륵' 소리가 나는지 위의 기능을 잘 생각하여 설명하시오.

위는 연동운동과 혼합운동으로 음식물을 소화시키고 소장으로 보낸다. 이때 모든 음식물이 다 내려가지 않고 일부가 공기와 함께 위에 남아 있게 되는데, 위의 운동을 통해서 이 공기가 좁은 출구를 지나 소장으로 보내질 때 '꼬르륵' 소리가 나게 되는 것이다.

술을 좋아하는 아버지들은 가끔 "속이 쓰리다."는 말을 한다. 위궤양의 대표적 증상인데 소화액과 연계하여 증상이 왜 일어나는지 설명하시오.

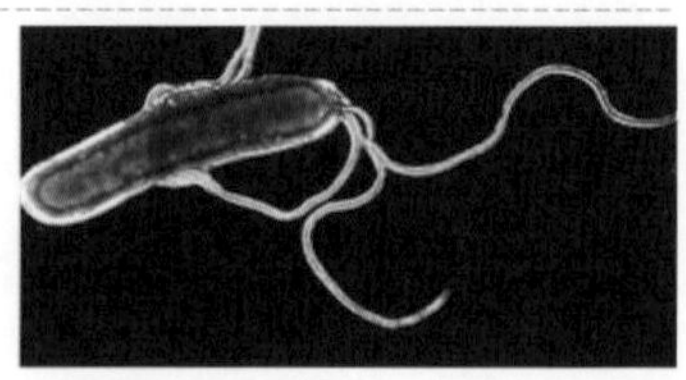

헬리코박터 파일로리 균

위에서는 단백질을 소화하는 펩신과 이를 돕는 염산이 들어 있는 위액이 분비된다. 단백질로 이루어진 위가 위액에 소화되지 않는 이유는 위벽을 감싸고 있는 '뮤신'이라는 물질로 만들어진 점막 때문이다. 위궤양은 스트레스, 음주, 흡연, 헬리코박터 균 등에 의해 이 점막이 파괴되어 그곳에 위액이 침투해 일어나는 증상이다. 심한 경우에는 위에 구멍이 뚫리기도 한다.

맹장수술 환자는 왜 방귀를 뀌어야 식사를 할 수 있을까?

맹장수술이란 사실은 대장의 시작 부분에 있는 충수돌기에 염증이 생겨 충수돌기를 제거하는 수술을 말한다. 맹장수술뿐만 아니라 배를 갈라서 하는 수술을 받은 환자는 모두 방귀를 뀌어야 식사를 할 수 있다. 방귀는 장이 정상적인 위치와 기능을 회복했다는 것을 가장 쉽게 알 수 있는 생리 현상이기 때문이다.

닭고기를 많이 먹으면 우리 몸을 이루는 세포가 닭의 세포를 닮아 닭살이 되지 않을까 걱정하는 친구가 있다고 하자. 이 친구에게 사람이 아무리 닭고기를 많이 먹어도 결코 사람의 세포가 닭의 세포를 닮지 않는다는 사실을 설명하시오.

동물의 몸을 이루고 있는 세포를 만드는 것은 단백질이다. 따라서 닭고기에는 닭의 세포를 이루는 단백질이, 돼지고기에는 돼지의 몸을 이루는 단백질이 따로 있다. 그런데 우리가 닭고기를 먹을 때 닭의 단백질이 그대로 우리 몸에 흡수되는 것은 아니다. 이 단백질은 우리의 소화기관에서 모두 아미노산이라는 물질로 분해된 후 흡수되고, 우리의 세포 속에서 우리에게 맞는 단백질로 재합성된다. 따라서 분자가 큰 영양소들을 작은 분자로 잘게 쪼개어 흡수하는 것 외에도 다른 종의 물질을 우리 몸에 맞는 물질로 합성하기 위해 분해한다는 소화의 또 다른 의미도 매우 중요하다.

▶▶ 중학교 1학년 **소화와 순환 : 혈액의 순환**

우리 몸에서 혈액은 어떤 역할을 할까요?

만약에! : 우리 몸에는 왜 피가 돌고 있는 걸까요? 그리고 왜 심장은 팡팡! 쉬지 않고 뛰는 걸까요? 이것은 우리 몸의 심장과 피가 영양분과 노폐물을 운반하는 중요한 역할을 하기 때문이에요. 만약에! 심장이 잠깐 멈췄다고 생각해 봐요. 우리 몸엔 어떤 현상이 발생할까요?

생활 속 과학 이야기 1

상처의 피는 왜 멎는 건가요?

2002년 월드컵, 미국과의 조별경기에서 투혼을 불사르던 황선홍 선수를 기억하세요? 전반전에 미국 선수와 공중 볼을 다투다 이마 부분에 부상을 입었지요. 그래서 황선홍 선수는 얼굴에 피가 흐르는 것을 막기 위해 머리에 압박붕대를 하고 전반전을 열심히 뛰었어요. 그런데 후반전에는 출혈이 멎었는지 반창고만 붙이고 뛰었던 장면이 기억납니다.

이처럼 우리 몸의 상처에서 피가 나더라도 어느 정도 시간이 지나면 멈추게 됩니다. 이렇듯 시간이 지나면 저절로 피가 응고되어 멈추는 이유는 무엇일까요?

먼저 혈액에 대해 알아봅시다. 멀리 떨어진 지역 간의 물건을 서로 전달해 주는 물류 시스템처럼, 다세포생물에서 몸을 이루는 세포들 사이의 물질 교환을 담당하는 체액이 바로 혈액이랍니다. 혈액은 영양분의 수송과

산소와 이산화탄소의 운반, 체온 조절의 기능을 하지요.

혈액은 크게 액체 성분인 '혈장'과 고체 성분인 '혈구'로 구분됩니다. 혈장은 노란빛을 띤 액체로 되어 있고 소장에서 흡수한 영양분을 각 세포로 이동시키고, 세포에서 생긴 이산화탄소나 노폐물을 폐나 신장으로 운반합니다.

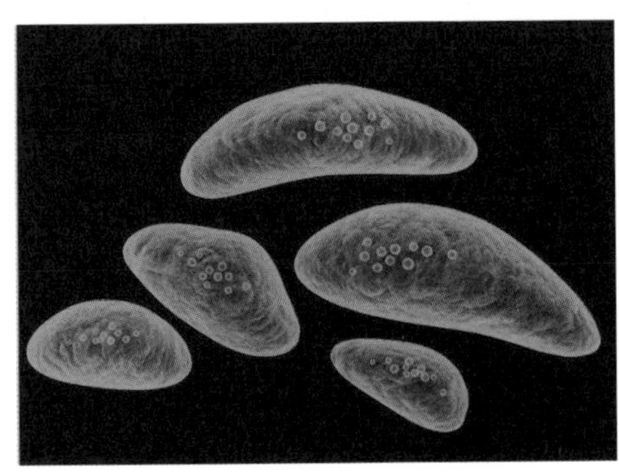
상처의 피를 멈추게 하는 혈소판

혈구에는 적혈구, 백혈구, 혈소판 등이 있습니다. 이 중 상처가 났을 때 혈액을 응고시켜 출혈을 막는(지혈) 것은 '혈소판'이에요. 혈관 밖으로 혈액이 나오면 혈소판이 파괴되면서 혈액을 응고시키는 효소를 분비한답니다. 그래서 혈액이 밖으로 더 흐르는 것을 막아 몸을 보호하는 것이죠. 황선홍 선수도 전반전에는 상처에서 피가 많이 나 붕대를 감고 경기를 뛰었지만 곧 혈소판에 의해 지혈이 되어 후반전에는 반창고만 붙이고 뛴 것이랍니다.

생활 속 과학 이야기 2

혈관은 왜 푸르스름해 보이나요?

손등이나 발등을 유심히 보세요. 푸르스름한 빛깔의 핏줄(혈관)들이 보이죠? 이렇게 쉽게 혈관을 찾을 수 있으면 혈액검사를 하거나 혈관 주사를 놓을 때도 편하답니다. 그런데 혈관에는 붉은 색의 피가 흐르는데 왜 푸른색으로 보이는 걸까요?

우리 몸의 혈관은 동맥과 정맥, 그 사이를 이어 주는 모세혈관으로 구분됩니다. 동맥은 심장에서 나가는 혈액이 흐르는 혈관이에요. 높은 혈압에도 견딜 수 있도록 혈관 벽이 두껍고 탄력성도 크답니다. 한편, 정맥은 몸의 각 부분에서 심장으로 들어오는 혈액이 흐르는 혈관이에요. 정맥에는 혈액이 거꾸로 흐르는 것을 막아 주는 판막이 있지요. 혈액은 항상 심방에서 심실 방향으로만 흘러야 하거든요. 만약에 혈액이 그 반대로 흐르면 세포에 산소와 영양분이 공급되지 않아 생명이 위험해질 수 있답니다.

또한 모세혈관은 적혈구 하나가 겨우 지나갈 수 있을 정도로 가늘지만 그 수가 엄청나게 많기 때문에 총 단면적은 정맥이나 동맥보다 넓답니다. 그리고 혈액의 속도가 느리고 혈관 벽이 한 층의 세포층으로 이루어져 세포와 혈액 사이의 양분과 노폐물, 산소와 이산화탄소의 교환이 일어납니다.

동맥은 몸의 중심부에 있으므로 겉에서 보기 어렵고, 손이나 발에서 볼 수 있는 혈관은 대부분 정맥이에요. 정맥에서 흐르는 혈액은 세포의 노폐물과 이산화탄소를 신장과 폐로 운반하는 역할을 하므로 선명한 붉은 색이 아닌 검붉은 색의 혈액이 흐르지요. 이 혈액의 색깔과 우리의 피부색이 합쳐져 우리 눈에는 혈관이 푸른색으로 보이는 것이랍니다.

완소 강의

우리 몸의 순환 담당, 혈액과 심장

◆◆ 우리 몸의 물류 담당, 혈액

혈액은 그림처럼 약 45%가 고형 성분인 혈구(적혈구, 백혈구, 혈소판)이고, 나머지 55%는 액체 성분인 혈장으로 되어 있습니다.

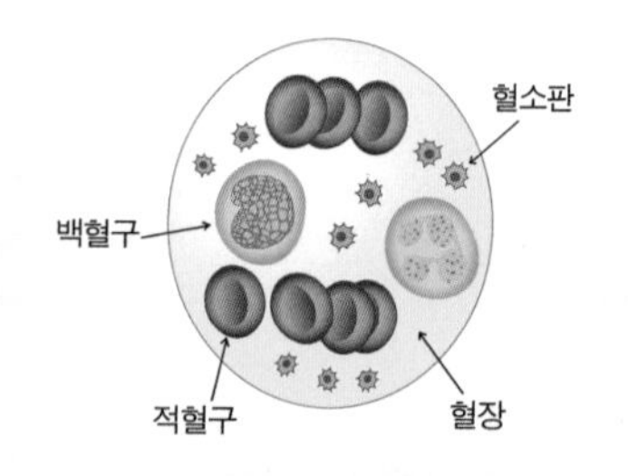

사람의 혈액 성분

적혈구

적혈구는 가운데가 움푹 들어간 원반형으로 생겼으며, 뼛속(골수)에서 만들어지고, 간과 지라에서 파괴됩니다. 적혈구는 붉은 빛을 띠는데, 그것은 붉은 빛의 헤모글로빈이 들어 있기 때문이에요. 헤모글로빈은 우리 온 몸의 각 세포에 산소를 공급하는 중요한 역할을 한답니다.

백혈구

백혈구는 모양이 일정하지 않고 아메바 운동(아메바처럼 세포의 모양이 변하면서 이동하는 운동)을 해요. 뼛속이나 지라, 림프절에서 만들어지는

지라
위 부근에 있으며 비장이라고도 부른다. 혈액 속 세균을 죽이고, 늙고 힘없는 적혈구를 파괴한다.

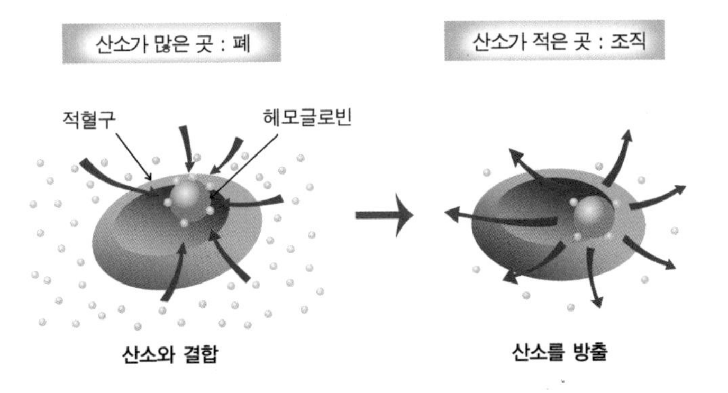

헤모글로빈의 작용과 적혈구의 산소 운반

데, 질병이나 몸 상태에 따라 그 수가 증가하거나 감소합니다. 혈관 안팎을 드나들면서 몸속에 침입한 병균을 잡아먹는 역할을 한답니다.

혈소판

모양이 일정하지 않으며, 뼛속에서 만들어집니다. 상처가 나면 혈소판이 파괴되어 혈액 응고 효소가 나오는데, 그 효소가 상처 난 부위의 혈액을 응고시키는 역할을 합니다.

혈장

약 90%는 물로 되어 있고, 그 속에 단백질, 포도당, 무기염류, 지방, 아미노산 등의 영양분과 효소, 항체, 노폐물, 이산화탄소 등이 들어 있습니다. 혈장은 각 영양분을 조직세포에 공급해 주고, 조직세포에서 노폐물과 이산화탄소를 받아 각각 신장과 폐로 운반하는 역할을 한답니다.

◆◆ 우리 몸의 물류 센터, 심장

사람의 심장은 주먹 크기의 주머니로, 근육으로 되어 있어요. 가슴 중앙에서 약간 왼쪽에 위치해 있으며, 구조는 2심방 2심실로 되어 있습니다.

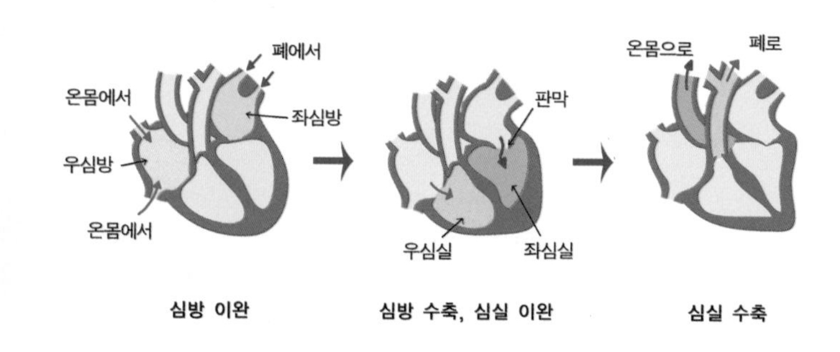

심장의 박동과 혈액의 흐름

심방

혈액을 받아들이는 곳으로, 심실보다 크기가 작고 벽도 얇습니다. 우심방에는 온몸을 돌고 온 혈액(정맥혈)이 들어오고, 좌심방에는 우심방과 폐에서 산소를 받은 혈액(동맥혈)이 들어옵니다.

심실

혈액을 내보내는 곳으로, 심방보다 크고 벽이 두꺼우며 탄력이 있습니다. 폐로 혈액을 내보내는 우심실과 온몸으로 혈액을 내보내는 좌심실이 있습니다.

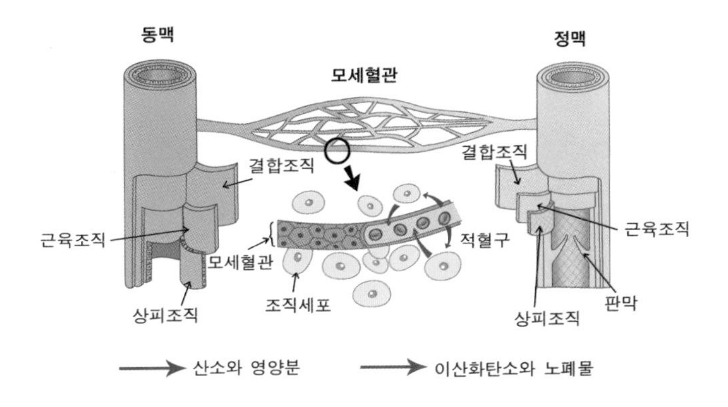

혈관의 생김새와 물질 교환

판막

판막은 심방과 심실 사이에서 심장의 혈액이 거꾸로 흐르는 것을 막아 주는 역할을 합니다.

심장의 작용

심장에서 온 몸으로 혈액이 돌고 도는 과정은 다음과 같아요. 좌우의 심방이 이완하면 폐정맥과 대정맥으로부터 혈액이 심방 속으로 들어옵니다. 좌우의 심방이 수축하고 심실이 이완하면 심방과 심실 사이의 판막이 열리고 혈액이 심실로 밀려들어옵니다. 한편, 좌우의 심실이 수축하면 심방과 심실 사이의 판막은 닫히고, 심실과 동맥 사이의 판막이 열리면서 대동맥과 폐동맥으로 혈액이 나갑니다. 심장에서 나간 혈액은 온 몸에 있는 모세혈관으로 가서 위의 그림처럼 물질 교환을 담당합니다.

◆◆ 혈액은 우리 몸을 어떻게 돌까?

우리 몸에서 일어나는 혈액의 순환은 온몸의 세포에서 일어나는 체순환과 폐에서 일어나는 폐순환으로 나눌 수 있습니다.

체순환

좌심실의 수축에 의해 대동맥을 통해 나간 혈액이 온몸을 돌아 대정맥을 통해 우심방으로 돌아오는 과정입니다. 온몸의 조직세포에 산소와 영양소를 공급하고, 조직세포에서 배출하는 이산화탄소와 노폐물을 받아오는 혈액 순환입니다.

순환의 순서 : 좌심실 ➔ 대동맥 ➔ 온몸의 모세혈관 ➔ 대정맥 ➔ 우심방

폐순환

온몸을 돌고 온 혈액이 우심실의 수축에 의해 폐동맥을 통해 나가 폐를 거쳐 폐정맥을 통해 좌심방으로 돌아오는 과정으로, 폐로 이산화탄소를 내보내고 산소를 받아오는 혈액 순환입니다.

순환의 순서 : 우심실 ➔ 폐동맥 ➔ 폐의 모세혈관 ➔ 폐정맥 ➔ 좌심방

미리 만나보는 과학논술

혈액의 순환에 관한 서술형 문제

혈액이 몸 밖으로 나오면 응고되고, 몸 안으로 흐르면 응고되지 않는 까닭은 무엇일까?

만약 우리 몸 구석구석으로 연결되는 혈관 안의 혈액이 응고되어 원활하게 흐르지 못한다면 산소와 영양소 공급이 중지되어 생명까지도 위험하게 된다. 하지만 다행히도 혈관 내부에서는 혈액을 응고시키는 혈소판이 파괴되는 일이 거의 일어나지 않는다. 혈소판이 파괴되는 경우가 생긴다고 하더라도 간에서 생성되는 '헤파린'이라는 물질이 혈액 응고를 방지하는 역할을 하므로 혈액이 응고되는 일은 일어나지 않는다.

육상선수들은 아래 사진처럼 트랙을 왼쪽으로 돈다. 육상경기에서 이렇듯 왼쪽으로 도는 이유는 심장과 어떤 관련이 있을까?

심장이 우리 몸 왼쪽에 있기 때문에 왼쪽으로 돌 때 심장이 트랙의 중심에 더 가까이 있게 된다. 따라서 심장은 원심력을 적게 받게 되고, 그 결과 심장에 무리가 덜 가게 된다. 실제로 오른쪽으로 돌면 심장마비의 위험이 더 높아진다고 한다.

체육시간에 달리기를 하고 나면 심장이 빨리 뛰고 숨이 가쁘며, 땀이 난다. 손목을 짚어 보면 빠르게 박동하는 것을 느낄 수 있는데, 이렇듯 운동을 하면 맥박이 빨라지는 이유는 무엇일까?

심장이 박동하여 혈액을 내보내면 대동맥이 확장하게 되는데, 이때의 진동이 혈관까지 전달된다. 이것이 맥박이다. 보통 사람의 경우 1분에 약 70회 정도 맥박이 뛴다. 그런데 운동을 하면 근육세포는 활동하기 위한 에너지를 얻으려고 양분과 산소를 평상시보다 더 많이 소비하게 되고, 그로 인해 노폐물과 이산화탄소도 많이 발생한다.

이렇듯, 운동을 하고 있는 근육세포에 산소와 양분을 빨리 공급하고, 이산화탄소와 노폐물을 빨리 몸 밖으로 버려야 하기 때문에 심장의 맥박이 더욱 빨라지게 되는 것이다.

다 같은 혈관이지만 동맥은 혈관 벽이 두껍고, 모세혈관은 혈관 벽이 매우 얇다. 또한 정맥에는 동맥이나 모세혈관에는 없는 판막이 존재한다. 이처럼 혈관마다 각각 특징이 다른 까닭은 무엇일까?

동맥은 심장에서 나오는 혈액이 흐르는 혈관으로 심실의 수축에 의한 높은 압력을 받게 된다. 따라서 압력을 견디기 위해 혈관 벽이 두껍고 탄력성이 크다. 반면 정맥은 혈압이 매우 낮으므로 피가 거꾸로 흐를 위험이 있어 판막이 존재하고, 높은 압력을 받지 않기 때문에 혈관 벽이 두꺼울 필요가 없어 얇다.

또한 모세혈관도 조직세포에 산소와 영양분을 공급하고, 이산화탄소와 노폐물을 되받아 오는 등의 물질 교환이 활발하게 일어나는 곳이어야 하므로 혈관 벽이 얇다. 한편 동맥은 몸속 깊숙이 분포하고, 정맥은 몸의 표면에 분포하며, 모세혈관은 온몸에 골고루 분포한다.

호흡과 배설

★호흡과 공기 호흡은 어떻게 이루어질까요? ★호흡으로 얻는 에너지 호흡으로 에너지를 어떻게 얻을까요? ★노폐물의 배설 노폐물은 왜 배출해야 할까요?

▶▶ 중학교 1학년 **호흡과 배설 : 호흡과 공기**

호흡은 어떻게 이루어질까요?

만약에! : 중국이나 몽골에서 한반도까지 날아오는 황사의 위력을 아시나요? 그 모래바람 속에 같이 날아들어오는 각종 오염물질들 때문에 건물이 부식되고, 우리의 건강에 심각한 위협을 주고 있죠. 만약에! 환경오염이 극심하여 깨끗한 공기를 호흡할 수 없다면 우리는 어떻게 생활해야 할까요?

생활 속 과학 이야기 1

황사가 심하면 왜 가래가 생기나요?

봄이 되면 날씨가 따뜻해지고 아름다운 꽃들이 피어나는 모습을 볼 수 있어 좋지만, 중국에서 날아오는 황사라는 불청객이 있어 괴롭기도 합니다. 황사로 뒤덮인 누런 하늘을 보며 밖으로 나오면 오래지 않아 기침이나 재채기를 하게 되고 머리가 아파 오기도 해요.

황사가 가득 덮인 하늘

고개를 숙이고 입을 막은 채 황사로 인해 오염된 거리를 행인들이 지나가고 있다.

우리가 숨 쉬는 공기 속에는 먼지나 세균 등의 이물질이 무수하게 많은데, 그것들이 폐로 직접 들어가면 질병을 일으키거나 호흡에 장애를 일으키기도 하지요. 황사, 스모그가 심한 날 외출을 삼가야 하는 이유도 공기 중의 오

염물질이 많기 때문이에요. 그래서 폐로 공기가 들어오는 통로인 코와 기관지에는 공기정화기의 필터처럼 이물질을 막기 위해서 여러 가지 필터가 있답니다.

먼저 코를 살펴볼까요? 코는 털과 점액으로 오염물질을 걸러 주게 되는데 황사가 심한 날 콧물이 누렇게 보이는 것도 이 때문이에요.

기관지는 끈끈한 점막으로 되어 있어 코를 통과한 미세한 이물질들이 달라붙게 되며, 이를 기관지에 나 있는 미세한 털인 섬모가 몸 밖으로 배출시킵니다. 이것이 가래랍니다.

그러나 공기 속의 이물질이 코나 기관지에서 걸러 줄 수 있는 양에 비해 많거나 크기가 매우 미세한 경우는 폐로 직접 들어가게 된답니다. 이렇게 되면 여러 가지 질병에 걸리게 됩니다. 예를 들어, 오랫동안 탄광에서 일한 광부들은 일하면서 마신 석탄 가루 때문에 진폐증으로 고생합니다. 또한 폐렴균이 들어가게 되면 폐렴에 걸리게 되며, 몇 년 전

세계적으로 문제가 되었던 '사스(Severe Acute Respiratory Syndrome, SARS : 중증급성호흡기증후군)' 도 폐로 들어온 바이러스가 원인인 것으로 알려졌답니다.

생활 속 과학 이야기 2

고산병은 왜 걸리는 걸까요?

얼마 전, 산악인 엄홍길 씨가 이끄는 산악대가 에베레스트 산을 정복하고 하산하던 중 원정대원 한 명이 고산병 증세로 사망해 많은 사람에게 안타까움을 준 일이 있었습니다. 해발 2,500~3,000m의 높은 산을 오르면 고산병 때문에 두통, 구토, 식욕부진, 수면장애나 현기증 등의 증상이 나타나는데 심하면 사망에 이르게 된답니다.

높은 산을 등반하고 있는 산악대원들
산악대원들은 고산병에 시달리기 일쑤이다.

고산병을 이해하려면 폐에서 작용하는 기체의 분압에 관해 알아야 합니다. 폐에서 기체 교환은 폐포와 혈액 사이의 분압 차에 의해 일어납니다. 여기서 분압이란 혼합된 기체 중에서 하나의 기체가 나타내는 압력을 의미하는데, 기체의 양이 많을수록 그 기체의 분압은 높습니다. 그리고 분압은 높은 곳에서 낮은 곳으로 작용하여 기체를

폐포
허파꽈리라고도 한다. 기관지 끝에 있으며, 포도송이 모양의 자루처럼 생겼다.
호흡할 때 가스를 교환한다.

이동시킵니다. 폐포에서는 산소 분압이 높고 이산화탄소 분압이 낮습니다. 반면에 우리 몸을 순환하고 폐에 도달한 혈액은 산소 분압이 낮고 이산화탄소 분압이 높지요. 따라서 산소는 분압이 높은 폐포에서 분압이 낮은 혈액으로, 이산화탄소는 분압이 높은 혈액에서 분압이 낮은 폐포로 이동하게 되는 기체 교환이 일어나는 것이랍니다.

고산병에 걸리는 이유는 이러한 산소 분압 차의 원리에 있어요. 고도가 높으면 기압이 낮으므로 공기 중의 산소 분압도 낮아집니다. 그러면 당연히 폐로 들어오는 산소의 양도 줄어들게 되겠지요. 따라서 폐포 내의 산소 분압도 낮아져 폐포와 혈액 사이의 분압 차가 거의 없어지게 됩니다. 결국 폐포와 혈액 사이의 교환되는 산소의 양이 줄어들어 고산병에 걸리는 것이랍니다.

완소 강의

우리가 숨 쉬는 방법!

◆◆ 우리 몸의 호흡기관

우리 몸의 호흡기관은 아래 그림처럼 코, 기관, 기관지, 폐 등으로 이루어져 있습니다. 코는 공기를 들이마시고 내보내는 출입구인데, 콧속에는 끈끈한 점액과 털이 있어 들이마신 공기의 습기와 온도를 조절하고 먼지, 세균 등을 걸러 내는 역할을 합니다.

기관은 목구멍에서 폐까지 이어져 있는 긴 관으로, 가슴 부분에서 두 개의 기관지로 갈라져 양쪽 폐로 들어갑니다. 기관지에는 섬모가 나 있고, 점액이 분비되어 코에서 걸러지지 않은 먼지와 세균을 걸러 줍니다. 또한 폐는 가슴 속 좌우에 한 쌍이 있으며, 늑골과 횡격막으

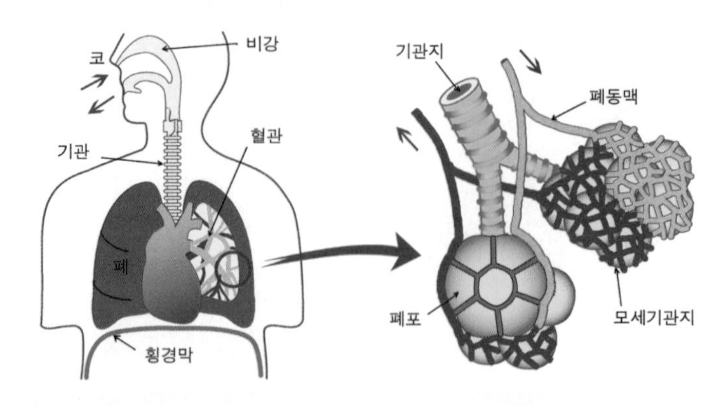

사람의 호흡기관

로 둘러싸여 있는데, 근육이 없고 얇은 막으로 되어 있어 스스로 운동할 수 없답니다. 그리고 모세기관지의 끝에 있는 수많은 폐포를 통해 혈액과 공기의 교환이 일어나지요.

◆◆ 우리 몸의 호흡운동

폐는 근육이 없어서 스스로 운동을 하지 못합니다. 하지만 늑골과 횡격막이 상하운동을 하기 때문에 호흡을 할 수 있답니다. 횡격막이 아래로 내려가고 늑골이 위로 올라가면 가슴통이 넓어져 기압이 낮아지게 되고, 폐가 부풀면서 공기가 들어옵니다. 반대로 횡격막이 위로 올라가고 늑골이 아래로 내려가면 가슴통이 좁아져 기압이 높아지게 되고, 폐가 줄어들면서 폐에서 공기가 밖으로 빠져나갑니다. 이렇게 해서 우리 몸이 호흡운동을 하는 것입니다.

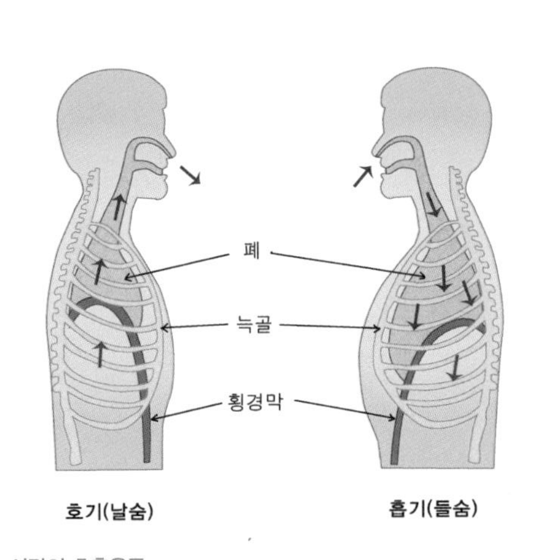

사람의 호흡운동

◆◆ 기체의 교환과 호흡의 종류

산소는 폐포에서 모세혈관 속으로, 이산화탄소는 모세혈관에서 폐포 속으로 이동하는데, 이처럼 폐포와 모세혈관 사이에서 산소와 이산화탄소의 이동이 일어나는 것은 공기의 압력 차(분압)로 발생하는 '확산현상' 때문이에요. 확산현상은 물질의 농도가 높은 곳에서 낮은 곳으로 이동하는 현상을 말합니다. 물에 붉은 색 잉크를 떨어뜨렸을 때 물 전체가 붉게 되는 것도 확산현상이지요. 산소나 이산화탄소의 분압이 높다는 말은 산소나 이산화탄소의 농도가 높다는 말과 같은 의미입니다. 그러므로 분압의 차이에 의해 산소나 이산화탄소가 분압이 낮은 곳으로 이동하는 것도 일종의 확산현상에 해당하는 것입니다.

또한 호흡이 어디에서 일어나는가에 따라 외호흡과 내호흡으로 나눕니다. 외호흡은 폐포와 모세혈관 사이에서 일어나는 기체 교환이고, 내호흡은 조직세포와 모세혈관 사이에서 일어나는 기체 교환입니다. 이때 세포에서는 산소를 받아들여 영양소를 산화시킴으로써 생활에 필요한 에너지를 얻고, 이산화탄소와 물, 노폐물 등을 생성한답니다.

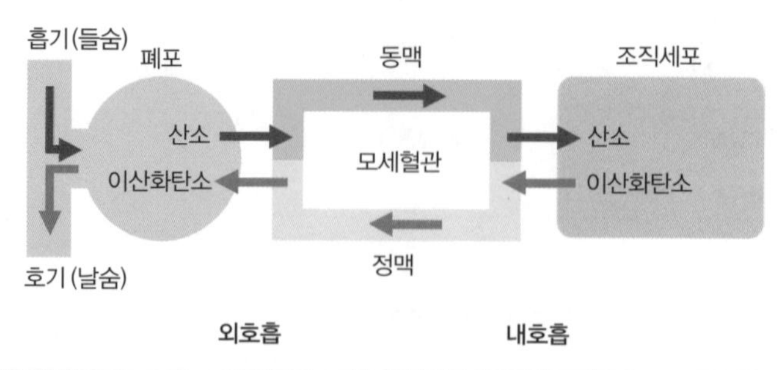

외호흡과 내호흡

미리 만나보는 과학논술

호흡과 공기에 관한 서술형 문제

긴장하거나 음식을 급하게 먹었을 때, 또는 추운 곳에 오래 서 있을 때 딸꾹질을 하는 경우가 있다. 딸꾹질은 한번 시작되면 쉽게 멈추지 않아서 고생을 하기도 한다. 딸꾹질은 왜 하는 것일까?

폐가 있는 흉강과 소화기관들이 있는 복강 사이에는 횡격막이라는 근육질의 막이 있다. 횡격막은 근육이 없는 폐의 수축과 확장을 유도해 우리가 숨을 들이마시고 내쉴 수 있도록 도와준다. 그런데 음식을 급하게 먹거나 추운 날씨로 인해 근육이 자극 받을 때 횡격막에 경련이 생겨서 갑자기 수축하게 되면 폐가 공기를 들이마시려 해도 마실 수 없게 된다. 이때 성대로 들어오는 공기가 차단되면서 근육이 부딪히는 '딸꾹' 소리가 나게 되는 것이다.

고산지대에 사는 사람은 왜 고산병에 안 걸릴까?

히말라야 원주민인 셰르파 족이나 남미의 고산지대에 사는 사람들은 평지보다 산소의 양이 50~80% 정도밖에 안 되는 고산지역에서 살고 있다. 고산지대에 사는 사람들은 평지에 사는 사람보다 폐활량이 크고 혈액 내 적혈구 양이 많은 것으로 밝혀졌는데, 산소가 적은 고산지대에서도 살아갈 수 있도록 더 많은 양의 산소를 호흡할 수 있게 몸이 적응했기 때문이다.

아래 사진은 우리가 종종 볼 수 있는 금연 문구가 적힌 그림이다. 담배 연기는 우리 몸에 해로운데, 특히 호흡기관에 나쁜 영향을 미친다. 담배 연기가 몸에 안 좋은 이유는 무엇일까?

담배 연기 속에 들어 있는 니코틴이나 타르 등의 성분은 입자가 매우 작아서 코나 기관지에서 걸러지지 않고 곧바로 폐로 들어간다. 그래서 폐에 질병을 일으키고 혈액을 통해 심장 등의 기관에 이상을 일으키기도 하는 것이다. 또한 담배 연기에 많이 들어 있는 일산화탄소는 혈액 내 적혈구의 산소 이동 능력을 떨어뜨린다.

일반적으로 백인들은 코가 높고, 흑인들은 코가 낮으며, 황색인들은 그 중간에 해당하는데, 이처럼 인종 별로 코의 크기나 모양이 조금씩 다른 까닭은 무엇일까?

코의 형태는 기후와 관련이 깊다. 예를 들어, 핀란드나 노르웨이, 스웨덴 같이 추운 지방에 사는 북유럽 백인들의 코는 높지만, 아프리카와 같은 열대 지방에 사는 사람들의 코는 낮다. 추운 지방에 사는 백인들의 코가 높은 까닭은, 아주 차고 건조한 공기를 그대로 들이 마시면 폐가 자극을 받게 되므로 찬 공기가 콧구멍을 통과하는 동안 공기를 데우고 습기를 보충해야 하기 때문이다. 그래서 콧구멍 둘레의 살이 두껍게 발달한 것이다.

반면에 따뜻한 지방에 주로 사는 흑인들의 경우는 공기를 데울 필요가 없으므로 코가 높게 발달하지 않았다. 또 온대 지방에 사는 황색인들은 그 중간의 크기를 가지게 된 것이다. 이것은 인류가 자연 환경에 순응하며 진화되어 온 결과이다.

▶▶ 중학교 1학년 **호흡과 배설 : 호흡으로 얻는 에너지**

호흡으로 에너지를 어떻게 얻을까요?

만약에! : 무슨 운동을 하냐고 물으면 간혹 '숨쉬기 운동'을 꾸준히 하고 있다고 농담을 하는 사람들이 있어요. 그런데 숨쉬기 운동처럼 우리 몸에 중요한 운동도 없어요. 만약에! 물에 빠진 사람을 구해 놓았다면 제일 먼저 해야 할 응급조치는 무엇일까요? 네, 맞아요. 바로 인공호흡이랍니다.

생활 속 과학 이야기 1

오랫동안 잠수하면 왜 숨이 찰까요?

수영장이나 목욕탕에서 친구들과 숨 오래 참기 내기를 한 적이 있을 거예요. 오래 참을 수 있다고 자신하던 친구들도 1분이 안 돼서 물 밖으로 나오기 일쑤죠. 날마다 잠수를 하는 잠수부나 해녀의 경우에도 3분 이상 잠수하는 경우는 드물다고 하네요. 이처럼 사람은 숨을 잠시라도 들이쉬지 않으면 살기 어려운데 왜 그런 것일까요?

제주도 해녀들이 잠수하는 모습

알기 쉽게 자동차를 예로 들어 봅시다. 자동차는 연료인 휘발유를 태워서 에너지를 얻어 달리지요. 이때 휘발유가 산소와 함께 연소되면서 이산화탄소, 이산화황, 산화질소 등을 배기가스로 배

출합니다. 만약 자동차에 산소가 공급되지 않는다면 어떻게 될까요? 자동차는 연료를 태우지 못하기 때문에 조금도 움직이지 못할 거예요.

사람을 비롯한 동물도 자동차와 마찬가지로 움직이는 데 에너지가 필요합니다. 동물은 음식물에서 얻은 영양소를 산소로 산화시켜 필요한 에너지를 얻습니다. 그리고 이산화탄소와 노폐물을 내놓지요. 호흡을 통해서 산소를 얻고, 에너지를 얻을 때 발생하는 이산화탄소를 공기 중에 내놓는 것입니다.

우리 몸의 세포는 쉬지 않고 물질대사를 하기 때문에 늘 에너지가 필요하답니다. 그러나 산소를 저장할 수 있는 세포가 없기 때문에 호흡을 통해서 산소를 계속 공급받아야 해요. 그러지 못한다면 에너지를 만들 수 없어 생명을 유지할 수 없게 되지요. 잠수를 오랫동안 하지 못하는 이유가 여기에 있습니다. 잠수를 오랫동안 하게 되면 에너지를 만들 산소가 부족하게 되어 당연히 숨이 차게 되는 것이죠. 이 상태가 얼마간 지속되면 에너지를 만들 수 없어 생명도 위험하게 된답니다.

생활 속 과학 이야기 2

영화 〈괴물〉에서 괴물은 어떻게 숨을 쉴까요?

환경오염에 의해 탄생한 괴물과 한 가족과의 사투를 그린 영화 〈괴물〉을 보면 한 가지 궁금한 점이 떠오릅니다. '거대한 몸집의 괴물은 물속과 땅 위를 자유롭게 드나드는데, 도대체 호흡은 어떤 식으로 하는 걸까?' 영화에서 괴물은 한강에서 사는 어류로 표현되었기 때문에 분명히 물속에서 아가미로 호흡할 텐데, 육지에서도 마치 파충류처럼 설쳐댔기 때문이에요.

육지에서 설쳐대는 괴물의 움직임을 볼 때 매우 활동성이 뛰어났는데, 이로 볼 때 많은 양의 에너지를 소비했을 게 뻔한 이치입니다. 그렇다면 당연히 많은 양의 산소가 필요했겠죠? 그런데 아가미로 호흡했다면 몸에 비축한 산소로는 육지에 나와 그 많은 양의 에너지를 생산하기 어려웠을 거예요.

추측할 수 있는 답은 하나뿐입니다. 괴물은 물속에서는 아가미로, 땅 위에서는 폐(허파)로 숨을 쉬어야 한다는 것이죠. 그렇다면 괴물은 아가미와 폐를 동시에 가진 전대미문의 생물이 되어야 하는데, 그런 생물체는 이제까지 없었답니다.

영화 〈괴물〉에 나오는 괴물의 모습

결국 괴물은 괴물이기 때문에 영화 속에서의 행동이 가능했다라고 말할 수밖에 없네요.

그렇다면 지구상의 생물들은 어떻게 호흡을 할까요? 생각 외로 매우 다양한 방법으로 호흡을 한답니다. 지렁이나 거머리는 피부로 호흡하고 곤충은 배에 난 기문이라는 구멍을 통해 숨을 쉽니다. 물속에서 사는 오징어와 새우 등의 어류는 아가미로, 육지에서 사는 양서류(어릴 때는 아가미 호흡), 파충류, 조류, 포유류는 모두 폐로 호흡합니다.

완소 강의

숨만 쉬어도 에너지가 생긴다?

◆◆ 호흡으로 발생한 에너지 이용하기

자동차가 휘발유를 연소시켜 나오는 에너지로 달리는 것처럼 생물은 영양소를 산화시킬 때 나오는 에너지로 살아갑니다. 이와 같이 생물이 영양소를 분해하여 에너지를 얻는 작용을 '호흡'이라고 합니다.

연소와 호흡의 비교

생물은 호흡으로 발생한 에너지의 대부분을 열에너지로 사용하여 체온을 유지하는 데 이용합니다. 또한 생물이 생장하고 생활하기 위해서는 여러 가지 물질이 필요한데, 이러한 물질을 몸속에서 만들 때도 에너지를 사용하지요. 그리고 나머지는 근육을 움직이거나 소리를 내는 데 사용한답니다.

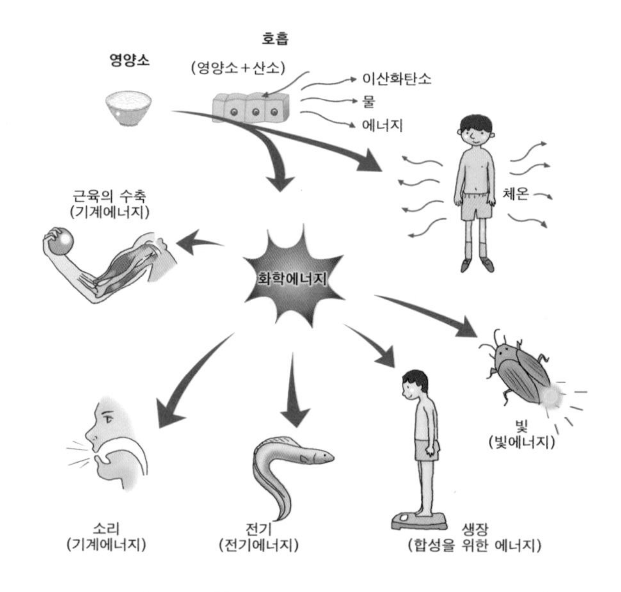

생활에너지의 이용

◆◆ 무기호흡이란?

무기호흡은 산소를 이용하지 않는 호흡으로 주로 미생물이나 사람의 근육세포에서 일어납니다. (반면에, 유기호흡은 산소를 이용하는 호흡 과정으로, 에너지가 생산됩니다.) 무기호흡의 예로 '발효'를 들 수 있어요. 발효는 일반적으로 특정한 조건을 갖추었을 때 발생하는데, 알코올이나 요구르트, 김치와 같은 중간 산물이 만들어집니다. 그러나 무기호흡의 결과 해로운 물질이 만들어지기도 하는데 이를 '부패'라고 합니다. 주로 유기물이 자연 상태에 있을 때 발생하고, 부패의 결과물은 인간이 사용하지 못하며 악취가 심하게 납니다.

미리 만나보는 과학논술

호흡으로 얻는 에너지에 관한 서술형 문제

영화나 드라마에서 아기가 태어났을 때 힘차게 우는 장면을 본 적이 있을 것이다. 갓 태어난 아기가 이렇듯 울음을 힘차게 터뜨리는 이유는 무엇일까?

아기가 태어나기 전에는 필요한 산소나 영양분을 탯줄을 통해서 공급받기 때문에 호흡을 할 필요가 없다. 그러나 엄마 뱃속에서 나와 탯줄을 끊고 나면 스스로 호흡을 해야만 필요한 산소를 얻을 수 있다. 따라서 울음을 터뜨려서 그동안 수축되어 있던 폐를 확장시켜 숨을 쉬는 것이다. 이때 입 속에 있는 이물질들을 제거해 주어 아기가 호흡하는 것을 도와주면 훨씬 더 쉽게 숨을 쉴 수 있다.

식물은 어떻게 호흡하는지 설명하시오.

식물도 동물과 같이 살아가는 데 필요한 에너지를 얻기 위해 항상 산소를 흡수하고 이산화탄소를 내보내는 호흡을 한다. 낮에 식물의 잎에서 호흡으로 생기는 이산화탄소는 광합성에 사용되고, 광합성에 의해 생기는 산소의 일부는 식물의 호흡에 사용된다. 이러한 기체 교환은 잎의 기공에서 일어난다.

아래 사진은 고래가 등에 있는 구멍으로 공기를 내뿜는 장면이다. 바다 속에 사는 고래는 어떻게 숨을 쉴까?

물속에서 사는 대부분의 동물과 다르게 포유류인 고래는 폐로 숨을 쉰다. 따라서 물속에 녹아 있는 산소를 아가미를 통해 호흡하는 다른 수중 생물과 다르게 일정 간격 수면으로 올라와 공기를 들이마신다. 이때 잠수하는 동안 더러워진 공기를 등에 있는 구멍으로 배출하는데, 물보라가 튀어 마치 분수처럼 보인다.

고래는 이렇게 한 번 호흡하면 오랫동안 잠수를 할 수 있도록 적응이 되어 있다. 그 이유는 혈액에 헤모글로빈이 많아 많은 양의 산소를 운반할 수 있기 때문이다. 또한 근육에는 산소를 저장할 수 있는 미오글로빈이라는 단백질이 있어서 물속에서도 신선한 산소의 공급 없이 에너지를 만들 수 있는 것이다.

그런데 폐가 있는 고래가 왜 육지에 올라오면 죽게 되는 것일까? 그것은 수 톤이나 되는 고래의 몸무게 때문에 육상으로 나오면 고래의 폐가 찌그러져 제 기능을 할 수 없기 때문이라고 한다.

▶▶ 중학교 1학년 **호흡과 배설 : 노폐물의 배설**

노폐물은 왜 배출해야 할까요?

만약에! : 변비에 걸려 고생한 학생들이라면 배설이 우리에게 얼마나 중요한지 알 거예요. 변비에 걸리면 피부도 나빠지고 식욕도 없어지며, 급기야는 억지로 관장을 해야 하지요. 만약에! 이렇게 억지로라도 관장을 하여 노폐물을 몸 밖으로 내놓지 못한다면 우리 몸에는 어떤 일이 일어날까요?

생활 속 과학 이야기 1

오줌을 못 누면 어떻게 될까요?

수업시간, 선생님께서 수업 내용을 열심히 설명하시는데 갑자기 한 학생이 손을 번쩍 듭니다. "선생님, 화장실 좀 다녀오면 안 될까요?" 선생님의 허락이 떨어지자마자 총총걸음으로 뛰어나가는 친구의 뒷모습에 교실이 웃음바다가 되었던 적이 있을 거예요. 학생은 소변이 마려운 것을 도저히 참을 수 없었던 거죠.

자동차가 연료를 태워 에너지를 만든 후 남은 물질을 배기가스로 공기 중에 내보내듯이 우리 몸도 에너지를 만든 후 남은 노폐물을 몸 밖으로 내보내야만 한답니다. 이산화탄소는 혈액에 의해 폐로 운반되어 호흡을 통해서 공기 중에 배출되고, 물은 오줌이나 땀을 통해 몸 밖으로 배설됩니다. 산소와 물, 그리고 단백질을 에너지원으로 사용하는 우리 몸에서는 노폐물로 독성이 강한 암모니아가 생성되기도 하는데, 암모니아는 간에서 독

성이 약한 요소로 바꾸는 해독작용을 거친 후 신장에서 물과 함께 오줌이 되어 배설된답니다.

만약 오줌을 제대로 배설할 수 없다면 어떻게 될까요? 신장병으로 오줌을 제대로 배설하지 못하는 환자들의 경우 물과 암모니아가 몸속에 계속 쌓여서 몸이 붓고 체중이 증가하며 혈압이 상승하는 등의 증상이 나타나 결국 생명을 잃기도 한답니다.

생활 속 과학 이야기 2

소변검사로 무엇을 알 수 있나요?

학교에서 신체검사를 할 때 여러 가지 색지가 달린 플라스틱 막대를 받은 적이 있을 거예요. 이 막대를 들고 화장실에 가서 소변을 묻힌 후 의사에게 보여 주면 의사는 색지에 나

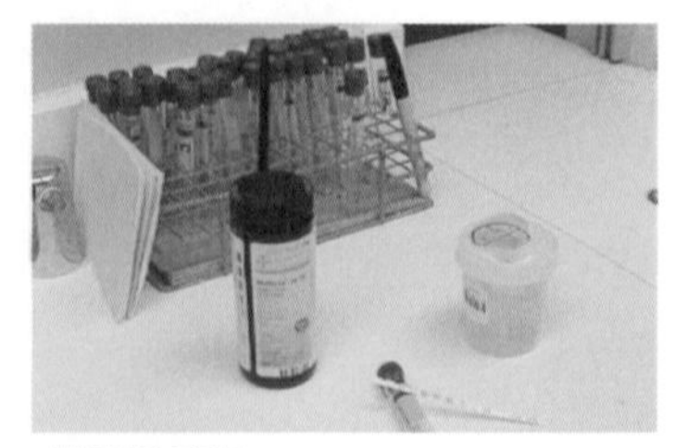

소변검사용 도구들

타난 색깔을 보고 학생들의 건강 상태를 알아낸답니다. 이때 의사가 소변검사를 통해 알아낼 수 있는 가장 기본적인 증상은 당뇨병이에요. 당뇨병은 오줌 속에 포도당이 섞여 나오는 병으로, 이자에서 분비되는 인슐린이라는 호르몬이 부족할 때 생기는 증상이랍니다. 병원에서는 좀 더 정밀한 소변검사용 막대를 사용하는데, 이 막대를 사용하면 오줌 속 포도당의 농도 검사 외에도 적혈구, 단백질, 백혈구 등의 검사까지 가능하다고 해요.

게다가 소변검사를 통해 마약이나 환각 물질을 복용했는지, 또는 운동선수에게 금지된 약물을 복용했는지에 관해서도 확인할 수 있답니다. 그 이유는 이런 물질들이 오줌 속에 섞여 나오기 때문이지요. 그리고 여성이 임신했을 때 생성되는 호르몬인 HCG라는 물질이 소변을 통해 나오므로 임신 여부까지도 알 수 있다고 합니다.

이처럼 사람의 오줌을 검사해서 여러 가지 증상을 알아낼 수 있는 까

닮은 혈관을 통해 콩팥, 즉 신장으로 온 혈액이 보먼주머니에서 걸러지기 때문이에요. 보먼주머니는 혈관에 녹아 있는 물질 중에서 분자의 크기가 작은 물이나 무기염류 등은 몸에 필요한 일부만 다시 흡수하고, 대부분 오줌으로 배출시키는 일을 합니다. 하지만 분자의 크기가 큰 아미노산이나 포도당, 단백질 등은 걸러서 다시 모세혈관에서 흡수된답니다. 몸에 재흡수가 안 된 물이나 노폐물은 오줌이 되어 방광에 모아졌다가 요도를 따라 밖으로 배출되지요.

하지만 신장의 기능에 이상이 생기면 오줌에 포도당이나 혈액, 단백질 등 우리 몸에 필요한 성분들이 함께 섞여서 배설된답니다. 이 경우 소변검사 시험지의 색 변화로 오줌에 섞여 있는 성분을 검출할 수 있습니다. 이렇게 해서 소변검사만으로 몸의 이상을 진단할 수 있는 것이죠. 물론 정밀검사를 받아서 질병에 대해 자세히 알아보고 치료를 해야 합니다. 만약 포도당이 오줌에 섞여 있으면 당뇨병에 대한 검사를, 적혈구가 오줌에 섞여 있으면 배설기관의 염증에 대한 검사를 진행해야 합니다.

완소 강의

배설하는 것도 정말 중요해요!

◆◆ 사람은 어떤 과정을 거쳐 배설할까?

우리 몸을 이루는 세포는 영양소를 산화시켜 나오는 에너지를 이용하여 살아가는데, 이때 노폐물이 만들어집니다. 이 노폐물은 여러 기관을 통해 몸 밖으로 배출되는데, 이러한 작용을 '배설' 이라고 해요. 우리는 배설을 통해 체온과 체내 수분의 양을 일정하게 유지하며, 독성 물질을 몸 밖으로 내보내지요. 탄수화물이나 지방은 노폐물로 이산화탄소와 물을 생성하고, 단백질은 이산화탄소, 물, 암모니아를 생성한답니다.

노폐물의 배설 장소

세포 속에서 생성된 이산화탄소, 물, 암모니아와 같은 노폐물은 혈액에 의해 운반되어 여러 기관을 통해 몸 밖으로 배출되는데, 그중 이산화탄소는 폐에서 호흡을 통하여 몸 밖으로 배출됩니다. 그리고 물은 신장(콩팥)에서는 오줌으로 땀샘에서는 땀으로 배출됩니다. 그러나 암모니아는 독성이 강하기 때문에 간에서 독성이 적은 요소로 합성된 다음에야 혈액에 녹아 운반되고 신장에서 걸러져 오줌으로 배출된답니다.

◆◆ 신장과 땀샘 꼼꼼히 살펴보기

신장은 어떻게 생겼을까?

신장은 주먹 정도의 크기로 강낭콩 모양이며, 횡격막 아래 척추 양쪽에 한 쌍이 있습니다. 신장은 콩팥이라고도 부르며 아래 그림과 같이 피질, 수질, 신우의 세 부분으로 되어 있어요.

- **피질** : 신장의 겉 부분으로 사구체와 보먼주머니로 구성된 말피기소체가 있어 이곳에서 오줌이 걸러집니다.
- **수질** : 신장의 안쪽 부분으로, 보먼주머니와 연결된 세뇨관들이 모여 있으며 재흡수와 분비가 일어납니다.
- **신우** : 신장의 가장 안쪽에 위치한 빈 공간으로 걸러진 오줌이 모였다가 수뇨관을 따라 내려갑니다.

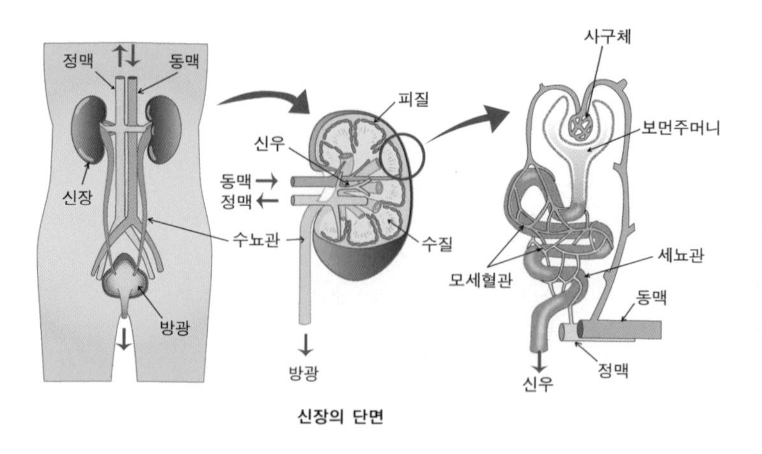

신장의 구조

땀샘은 어떻게 생겼을까?

땀샘은 피부에 가느다란 관이 실꾸러미처럼 뭉쳐 있고, 그 주변을 모세혈관이 둘러싸고 있는 구조로 되어 있습니다. 혈액 속 노폐물의 일부가 이 땀샘을 통하여 땀으로 배설된답니다. 땀은 99% 이상이 물이고, 나머지는 염분, 요소, 요산 등으로 오줌과 성분이 비슷하나 오줌보다 물이 더 많이 들어 있지요. 땀은 배설의 역할 이외에도 증발할 때 기화열을 빼앗아 체온이 높아지는 것을 막는 중요한 역할도 함께 한답니다.

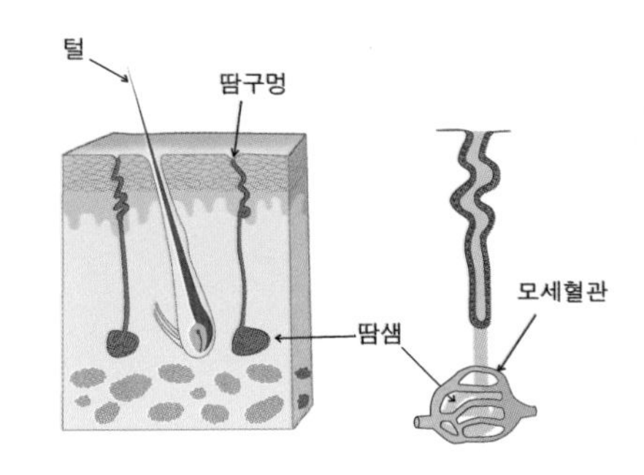

땀샘의 구조와 땀샘을 확대한 그림

미리 만나보는 과학논술

노폐물의 배설에 관한 서술형 문제

아래 그림은 방광의 단면이다. 보기에도 적당한 방광 벽 두께를 유지하고 있는데, 오줌을 오래 참게 되면 방광은 어느 정도까지 늘어날까?

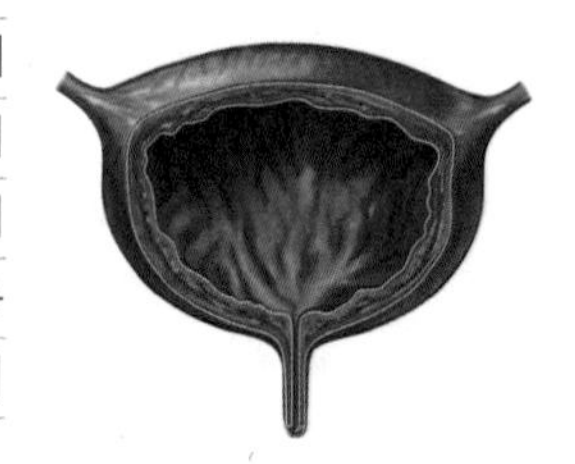

방광은 신장에서 만들어진 오줌이 배설되기 전에 일시적으로 저장하는 기능을 담당하며 근육으로 되어 있다. 방광의 용량은 성인 남성의 경우 평균 600㎖이지만 최대 약 800㎖까지 오줌을 저장할 수 있다. 보통 오줌이 250~300㎖ 정도 방광에 차게 되면 오줌이 마렵다고 느끼게 된다.

이것을 참게 되면 방광은 부풀어 오르면서 700~800㎖까지 오줌을 채우게 되는데, 이때 평상시 1.5cm이던 방광의 두께가 3mm까지 얇아지게 된다. 하지만 이 수치가 넘게 되면 더 이상 의지로 오줌을 참는 것을 조절할 수 없게 만드는데, 이로 인해 방광이 터지는 것도 막는다.

겨울철보다 여름철에 오줌을 누는 횟수가 줄어드는 이유는 무엇일까?

땀도 오줌과 마찬가지로 노폐물을 배설하는 기능이 있다. 더운 여름에 땀을 많이 흘리게 되면 땀으로 배설되는 수분과 노폐물의 양이 많아지고, 땀으로 배설되는 양만큼 오줌으로 배설해야 하는 수분과 노폐물의 양이 감소한다. 따라서 땀이 쉽게 나지 않는 겨울철보다 여름철에 오줌을 누는 횟수가 줄어들게 되는 것이다.

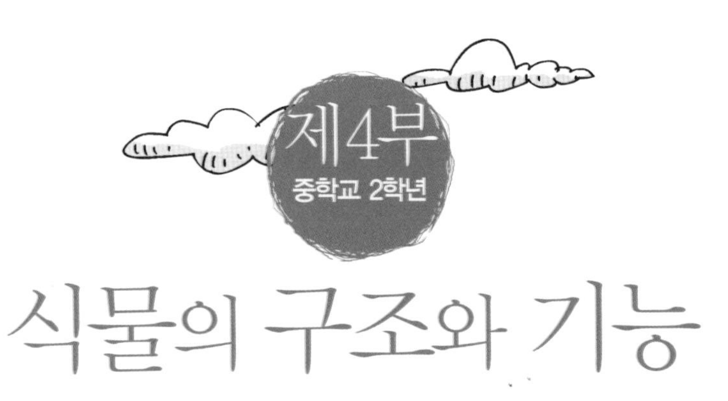

제4부

중학교 2학년

식물의 구조와 기능

★뿌리 식물의 뿌리는 어떤 역할을 할까요? ★줄기 식물의 줄기는 어떤 역할을 할까요? ★잎 나뭇잎은 어떤 역할을 할까요? ★광합성 식물은 왜 광합성을 할까요? ★꽃과 열매 꽃과 열매는 어떤 역할을 할까요?

▶▶ 중학교 2학년 **식물의 구조와 기능 : 뿌리**

식물의 뿌리는 어떤 역할을 할까요?

만약에! : 식물에는 동물들처럼 입이 없는데도 물을 주면 잘도 빨아들이지요? 식물의 종류에 맞게 적당한 물을 주고 햇빛을 보여 주는 등 잘 보살피는 만큼 식물은 쑥쑥 자란답니다. 만약에! 삼투압 현상이 없다면 뿌리는 물을 빨아들일 수 있을까요?

생활 속 과학 이야기 1

라면을 먹고 자면 왜 아침에 얼굴이 붓나요?

여러분도 밤늦게까지 공부하다 보면 배고픔을 느낄 때가 많지요? 그때 손쉽게 먹을 수 있는 라면 한 그릇은 거부하기 힘든 유혹입니다. 하지만 다음날 아침에 일어났을 때 통통 부어 있을 얼굴을 생각하면 주저하게 되지요. 여러분은 라면을 먹고 잠들면 왜 얼굴이 붓는지 한번쯤 궁금하지 않으셨나요? 이유를 함께 알아볼까요?

출출할 때 손쉽게 먹을 수 있는 라면
라면에는 많은 양의 염분이 들어 있다.

라면을 먹으면 라면의 면뿐만 아니라 국물 속에 들어 있는 다량의 염분과 맛을 내는 조미료 성분을 함께 섭취하게 됩니다. 이들 물질은 얼굴의 모세혈관과 피부 조직세포 사이에 염분의 농도 차이를 발생시키고,

염분의 농도가 낮은 쪽에서 높은 쪽으로 수분을 이동시키는 삼투현상을 일으킵니다. 즉 염분의 농도가 낮은 얼굴의 모세혈관 혈장 성분이 염분의 농도가 높은 조직세포로 다량 이동하게 되어 세포가 팽창하게 되고 그 결과 얼굴이 부어오르는 것이랍니다.

삼투현상은 생물의 체내에서도 매우 중요한 역할을 하는데, 대표적인 것이 식물의 뿌리예요. 식물의 뿌리에서도 삼투현상을 통해 물을 흡수하기 때문이죠. 식물의 뿌리는 땅속에 넓게 퍼져 식물체가 넘어지지 않도록 지탱하는 일을 하기도 하지만 더욱 중요한 것은 식물이 살아가는 데 필요한 물질, 즉 수분이나 무기양분 등을 흡수하는 일을 합니다.

뿌리는 뿌리골무, 생장점, 뿌리털 등으로 이루어지는데, 특히 뿌리털을 통해 물과 무기양분의 흡수가 활발하게 일어납니다. 이때 물은 식물체와 흙 사이의 삼투압 차이에 의해서 이동하는데, 뿌리털 속의 물 농도가 흙 속의 물 농도보다 높아 물이 뿌리털 속으로 흡수되고, 뿌리털보다 농도가 높은 물관으로 이동하여 식물체의 각 부분으로 보내지게 된답니다.

생활 속 과학 이야기 2

수경재배는 어떻게 하나요?

물이 담긴 그릇에 양파나 고구마를 넣고 햇빛이 드는 창가에 놓아 두면 며칠 후 뿌리가 나고 잎이 나는 것을 볼 수 있습니다. 수경재배란 이처럼 식물을 흙이 아닌 물을 이용해 키우는 것을 말해요.

이때 식물에 필요한 원소가 모두 들어 있는 '크놉액'이라는 배양액을 넣어 주면 오랫동안 식물을 키울 수 있답니다. 이 방법은 흙에 심어 키우는 방법보다 더 깨끗한 작물을 얻을 수 있기 때문에 청정 채소 재배에 많이 사용되고 있습니다.

특정 원소를 제외한 배양액을 수경재배에 이용하면 각 원소가 식물의 생장에 미치는 영향도 알아볼 수 있답니다. 칼륨이 부족한 배양액에서는 잎에 갈색 반점이 생기고, 철이나 마그네슘이 부족한 배양액에서는 잎이 누렇게 변하는 등 생장이 불량합니다. 그 결과, 식물의 생장에 탄소, 수소, 산소, 질소, 황, 인, 칼슘, 칼륨, 마그네슘, 철 등의 원소가 반드시 필요한 것으로 밝혀졌지요. 이 중 한 가지 원소라도 없거나 양이 부족하면 식물은 정상적으로 자라지 못하며 심한 경우에는 죽게 됩니다.

수경재배 중인 식물

반면에 탄소, 수소, 산소는 각각 이산화탄소와 물의 형태로 각각 잎의 기공이나 뿌리로 흡수됩니다. 그 밖의 원소들은 대부분 물에 녹은 상태로 뿌리로 흡수되는데, 이렇게 뿌리가 물과 양분을 흡수할 때 호흡을 하여 만든 에너지가 사용됩니다.

완소 강의

뿌리 깊은 나무는 바람에 흔들리지 않는다!

◆◆ 뿌리 꼼꼼히 살펴보기

식물의 뿌리는 아래 그림과 같이 뿌리털, 생장점, 뿌리골무, 관다발로 이루어져 있는데, 각각의 특징은 다음과 같습니다.

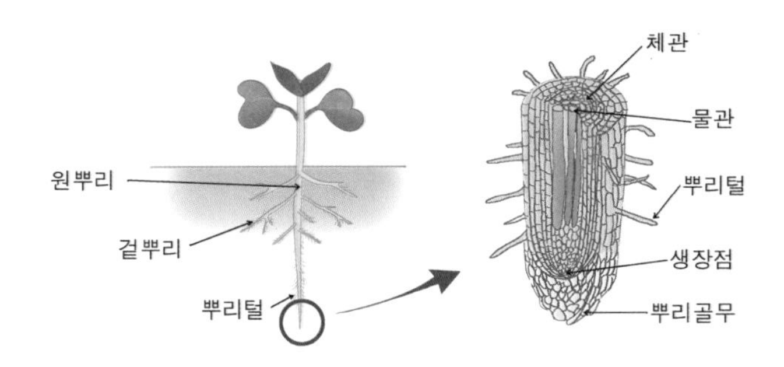

- **뿌리털 :** 뿌리털은 한 개의 표피세포가 변한 것으로, 물과 무기양분을 흡수합니다.
- **생장점 :** 세포분열이 일어나 뿌리를 길게 자라게 합니다.
- **뿌리골무 :** 생장점을 보호합니다.
- **관다발 :** 뿌리 안쪽에 있고, 물이 이동하는 물관과 영양분이 이동하는 체관으로 이루어져 있습니다.

◆◆ 뿌리의 기능

식물의 뿌리는 흙에서 버티고 설 수 있게 하는 지지작용, 삼투현상에 의해 물과 무기양분을 흡수하는 흡수작용, 흙 속의 산소를 흡수하는 호흡작용, 광합성으로 만들어진 유기양분을 녹말의 형태로 저장하는 저장작용을 합니다.

◆◆ 뿌리는 물과 양분을 어떻게 흡수할까?

삼투현상이란 세포막이나 셀로판 막과 같은 반투과성 막을 사이에 두고 농도가 서로 다른 용액이 있을 때 농도가 낮은 곳의 물이 농도가 높은 곳으로 이동하는 현상을 말합니다. 다음 쪽의 그림처럼 뿌리는 이러한 삼투현상으로 흙 속에 있는 물과 무기양분을 흡수한답니다.

이렇게 뿌리털에서 흡수한 물은 뿌리털 ➡ 피층 ➡ 내피 ➡ 뿌리의 물관 ➡ 줄기의 물관 ➡ 잎, 열매의 이동경로를 거칩니다.

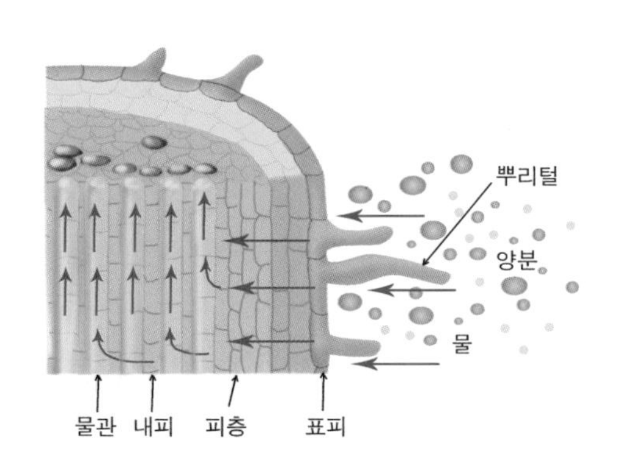

◆◆ 식물의 생장에 필요한 원소

식물체를 태워서 나오는 재와 기체를 분석하면 식물체를 이루는 물질의 성분을 알 수 있는데, 탄소, 산소, 질소, 수소 등과 같은 기체 원자와 인, 철, 칼륨, 칼슘, 철, 황 등과 같은 무기염류로 되어 있습니다. 따라서 이와 같은 물질을 제대로 공급받지 못하면 식물은 제대로 생장할 수 없지요. 이처럼 식물의 생장에 절대적으로 필요한 원소인 탄소, 수소, 산소, 질소, 황, 인, 칼륨, 칼슘, 마그네슘, 철을 필수 10 원소라고 한답니다.

◆◆ 수경재배

식물의 생장에 필요한 영양소들을 물과 적당한 비율로 섞은 것을 '배양액'이라 합니다. 이러한 배양액을 이용하여 식물을 재배하는 것을 '수경재배' 또는 '물재배'라고 해요.

배양액으로는 식물학자인 크놉이 고안한 크놉액이 있는데, 이것은

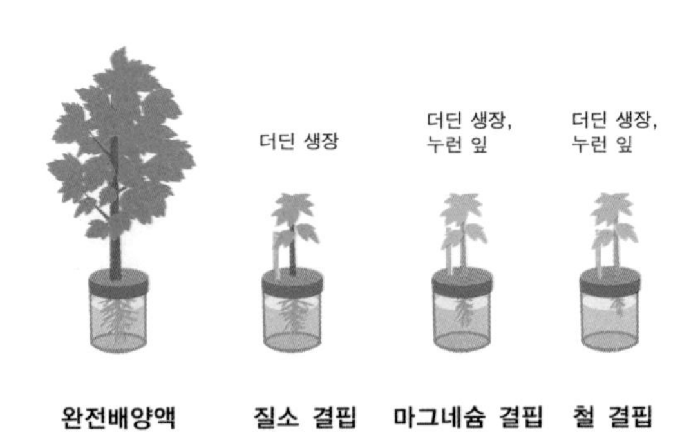

배양액의 성분에 따른 식물의 생장

식물의 생장에 필요한 10원소 중 탄소를 제외한 9가지 원소가 식물 생장에 알맞게 함유되도록 만든 것이에요. 이와 같은 배양액의 성분을 조절함으로써 식물체에 필요한 원소의 종류와 각 원소의 기능을 알 수 있답니다.

미리 만나보는 과학논술

뿌리에 관한 서술형 문제

화분에 비료를 많이 주면 오히려 식물이 시드는 경우가 있다. 그 이유는 무엇일까?

비료에는 여러 가지 양분이 들어 있다. 그런데 필요량보다 많은 양의 비료를 주게 되면 흙 속의 양분 농도가 높아지는데 심한 경우 식물 내 농도보다 높아지게 된다. 이렇게 되면 삼투현상에 의해 식물에서 흙 속으로 물이 빠져나가게 되어 식물이 시들게 되는 것이다.

최근 대기오염으로 산성비가 많이 내린다고 한다. 산성비가 식물에 미치는 영향은 무엇인지 설명하시오.

식물의 생장에 필요한 흙 속에 있는 원소들은 산성비에 녹아 강이나 바다로 흘러가기 때문에 땅속의 식물 뿌리들은 산성비가 내리게 되면 이 원소들을 흡수하지 못한다. 게다가 산성비는 식물체에 해로운 알루미늄 같은 물질들을 뿌리가 흡수하게 만들어 생장에 지장을 주며 식물체의 조직을 파괴하기도 한다.

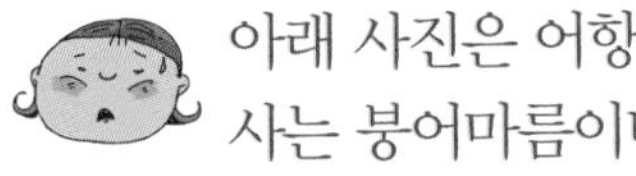

아래 사진은 어항 속의 붕어마름이다. 이렇듯 물속에 잠겨 사는 붕어마름이나 검정말과 같은 식물은 어떻게 물과 양분을 흡수할까?

붕어마름이나 검정말과 같이 식물 전체가 물속에 잠겨 사는 식물들은 주변의 물에서 흡수하는 것이 뿌리로 흡수하는 것보다 더 쉽다. 따라서 식물 전체에서 물을 흡수할 수 있게 적응되었고 뿌리는 퇴화되었다.

▶▶ 중학교 2학년 **식물의 구조와 기능 : 줄기**

식물의 줄기는 어떤 역할을 할까요?

만약에! : 등산을 하면서 식물의 줄기들을 잘 관찰해 보아요. 가시가 난 줄기, 다른 나무를 감고 자라는 줄기, 땅바닥에 붙어서 자라는 줄기 등 천차만별일 거예요. 만약에! 식물에 줄기가 없다면 뿌리에서 흡수된 영양분은 어떻게 전달될까요?

생활 속 과학 이야기 1

나이테는 왜 생길까요?

우리나라에서 은행나무 중 가장 나이가 많은 나무는 경기도 용문산 용문사 앞에 있는 은행나무라고 합니다. 식물학자들은 이 은행나무의 연령을 약 1,100살이라고 하는데, 어떻게 나무의 나이를 알 수 있었을까요?

나무를 자르면 나이테가 보이는데 그 수를 세면 나이를 알 수 있답니다. 나무를 상하지 않게 하기 위해 나이테만 추출할 수 있는 도구도 있는데, 이것을 이용하면 나무를 자르지 않고도 나이를 알아낼 수 있다고 하네요.

나이테의 모습

그렇다면 나이테는 왜 생기는 것일까요? 간단하게 말해서 나이테는 줄기의 단면이라고 할 수 있어요. 계절 간의 기

온 차에 따라 줄기의 부피 생장 속도가 다르기 때문에 만들어지는 것이 나이테죠. 즉 기온이 높은 봄부터 여름까지는 생장하는 세포가 크고 부드러우며 희지만, 가을부터 겨울까지는 생장이 느려져 만들어지는 세포들이 작고, 이물질의 함량이 높아 검은색을 띱니다. 따라서 계절이 뚜렷한 온대 지방에서는 계절이 바뀜에 따라 흰 테와 검은 테가 하나씩 생기는데, 이것이 바로 나이테랍니다. 그러므로 이 나이테를 세면 몇 번의 계절이 지나갔는지를 알 수 있고, 그로 인해 나이를 셀 수 있는 것입니다.

하지만 열대 지방과 같이 계절의 변화가 뚜렷하지 않은 지방의 나무에는 나이테가 없어요. 따라서 이들 지역의 나무 나이는 다른 방법으로 측정할 수밖에 없답니다.

생활 속 과학 이야기 2

감자는 열매인가요, 줄기인가요?

산에 오르다 보면 여러 가지 크기의 나무를 보게 됩니다. 신갈나무나 상수리나무처럼 하늘 높이 큰 나무들도 있고, 진달래나 개나리처럼 사람 키 정도로 자란 나무들도 있지요.

다른 나뭇가지를 감고 있는 줄기
등나무나 오이, 나팔꽃 등이 이에 해당한다.

일반적으로 식물의 줄기는 하늘을 향해 자라지만 여러 가지 다른 형태를 나타내기도 해요. 딸기나 잔디처럼 땅 위를 기는줄기, 등나무나 오이처럼 다른 것을 감는줄기, 선인장과 같이 잎 모양으로 넓어진 줄기도 있고, 탱자나무나 석류나무와 같이 가시로 변한 경우도 있어요. 우리가 식품으로 즐겨 먹는 감자나 양파도 사실은 줄기랍니다. 감자는 양분을 저장하는 형태의 덩이줄기이고, 양파

는 줄기가 비늘 모양으로 변한 것이지요.

식물의 줄기가 왜 이렇게 다양한 형태로 변한 것일까요? 각 식물이 처한 환경이 다양하기 때문에 각각의 환경에 더 잘 적응해 나가기 위해서 변한 것으로 추정된답니다. 즉 건조한 환경에 적응하기 위해서는 선인장과 같이 물을 많이 포함하는 줄기의 형태로 변하기도 하고, 초식동물로부터 자신을 보호하기 위해서 탱자나무처럼 줄기가 가시로 변하기도 해요.

완소 강의

환경에 적응해 온 다양한 줄기들

◆◆ 줄기 속은 어떻게 생겼을까?

나무의 줄기는 식물체를 지지하고, 뿌리와 잎 사이에서 물과 양분이 이동하는 체관과 물관이 있는 곳이에요. 체관은 잎에서 만들어진 양분이 뿌리로 이동하는 통로로 위아래 세포벽에 구멍이 뚫린 살아 있는 세포들로 이루어져 있지요. 물관은 뿌리에 흡수된 물과 무기양분이 잎으로 이동하는 통로랍니다. 특히 물관은 두꺼운 세포벽을 가지지만 위아래에 세포벽이 없이 죽은 세포로 길게 이어져 있죠.

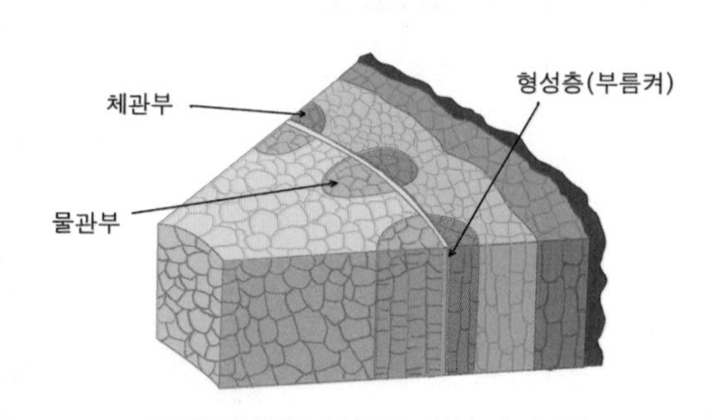

줄기의 구조

이렇게 가정집의 수도관이나 우리 몸의 혈관처럼 물관과 체관은 식물의 몸에서 물질이 이동하는 통로인데, 그 둘이 다발을 이루고 있다고 해서 '관다발' 이라고 합니다.

또한 물관과 체관 사이에는 형성층(부름켜)이 분포하는데, 이것은 살아 있는 세포로 세포분열이 왕성하게 일어나 줄기가 굵어지게 하는 부피 생장을 해요. 그 밖에 줄기에는 가장 바깥쪽에 있는 한 겹의 세포층인 표피와 표피 안쪽에 있는 여러 겹의 세포로 된 피층이 있어요. 그리고 줄기의 가장 중심부 조직은 죽은 세포로 이루어져 있답니다.

◆◆ 쌍떡잎식물과 외떡잎식물의 줄기 비교

식물의 줄기 구조는 쌍떡잎식물과 외떡잎식물이 각각 다릅니다. 쌍떡잎식물은 관다발 배열이 규칙적이고 형성층이 있어 부피 생장을 하는 반면, 외떡잎식물은 관다발 배열이 불규칙적이고 형성층이 없어서 부피 생장을 하지 못합니다.

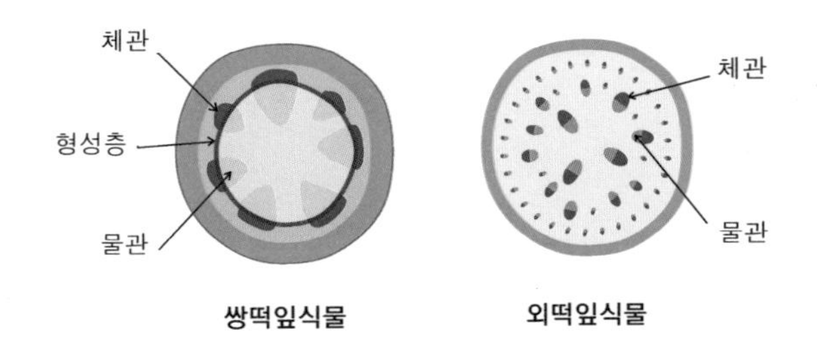

◆◆ 줄기의 기능

이러한 식물의 줄기는 식물체를 지탱하는 지지작용, 물과 양분을 이동시키는 운반작용, 호흡을 하는 호흡작용, 감자나 양파 등에서 볼 수 있듯이 영양분을 저장하는 저장작용을 합니다.

◆◆ 줄기의 종류

식물은 다양한 역할을 하는 여러 종류의 줄기를 가지고 있는데, 대표적인 예는 다음과 같아요.

봉선화 줄기

- **곧은줄기 :** 봉선화나 옥수수 줄기와 같이 땅으로부터 위를 향해 곧게 뻗어 있는 줄기입니다.

나팔꽃 줄기

- **감는줄기 :** 나팔꽃이나 호박의 줄기처럼 가늘고 길어서 지지대를 감아 올라가는 줄기입니다.

고구마 줄기

- **기는줄기 :** 딸기나 고구마의 줄기처럼 땅 위를 기며 옆으로 뻗는 줄기입니다.

잔디 줄기

- **땅속줄기 :** 대나무나 잔디, 그리고 감자 등의 줄기 일부는 땅속을 기며 옆으로 뻗는 줄기입니다. 땅속줄기는 개체를 늘리거나 영양분을 저장하기도 합니다.

미리 만나보는 과학논술

줄기에 관한 서술형 문제

공기 중에서 줄기를 자른 꽃보다 물속에서 줄기를 자른 꽃의 생명력이 더 오래가는 이유는 무엇일까?

➡ 꽃의 줄기를 공기 중에서 자르면 미세한 공기방울들이 줄기의 물관에 들어갈 가능성이 높아 물관을 통한 물의 이동을 방해할 수 있다. 반면 물속에서 줄기를 자르면 공기방울이 물관에 들어갈 가능성이 없기 때문에 물의 이동이 원활하게 되어 꽃의 생명력이 더 오래간다.

감자는 줄기가 변해서 된 것으로 덩이줄기라고 하고, 고구마는 뿌리가 변해서 된 것으로 덩이뿌리라고 한다. 감자는 줄기가, 고구마는 뿌리가 변해서 영양물질을 저장하게 된 까닭을 설명하시오.

➡ 감자는 땅속에 묻혀 있는 줄기마디로부터 생긴 기는줄기의 끝이 비대해져 형성된 것이다. 하지만 감자의 뿌리에서는 줄기와는 달리 굵은 조직 자체가 형성되지 않는다. 반면에 고구마는 줄기가 길게 땅바닥을 따라 뻗는데 감자처럼 줄기에는 굵은 조직이 형성되지 않는다. 하지만 뿌리에는 굵은 조직이 형성되므로 뿌리에 영양분이 모여 크기가 커진다. 따라서 감자는 줄기가, 고구마는 뿌리가 변한 것이다.

▶▶ 중학교 2학년 **식물의 구조와 기능 : 잎**

나뭇잎은 어떤 역할을 할까요?

만약에! : 일본 애니메이션 〈이웃집 토토로〉를 보면 토토로가 비 올 때 커다란 이파리를 머리에 쓰고 있는 걸 볼 수 있어요. 이렇게 큰 식물의 잎은 우산 대용으로 사용할 수 있지요. 식물의 잎은 또한 증산작용과 광합성을 해요. 만약에! 잎이 없다면 식물은 어디서 광합성을 할까요?

생활 속 과학 이야기 1

우산으로 어떤 나뭇잎이 좋을까요?

영화나 만화를 보면 갑자기 비가 올 때, 잎의 크기가 큰 연못의 연잎이나 밭의 토란잎을 꺾어 쓰는 장면이 나옵니다. 이들 '자연산 우산'은 주위에서 쉽게 구할 수 있고, 빗방울이 떨어지면 구슬처럼 아래로 잘 흘러내리기 때문에 우산 대용으로 안성맞춤이지요. 혹 다음과 같은 궁금증은 안 들던가요? 왜 나뭇잎에는 물이 잘 스며들지 않고 그대로 흘러내리는 것일까요?

잎이 넓은 토란잎

그것은 나뭇잎의 구조를 잘 살펴보면 알 수 있답니다. 잎의 앞면과 뒷면은 한 겹의 세포층으로 된 표피조직으로 덮여 있어요. 표피조직은 엽록체는 없으나 '큐티클 층'이 발달되어 있어 물의 증발을 막고 잎 속의 조직을 보호한답니

다. 따라서 나뭇잎은 비가 아무리 내려도 물에 젖지 않는 것이죠.

또한 잎 뒷면에는 작은 구멍들이 많이 있는데, 이것을 '기공'이라 해요. 기공은 두 개의 공변세포로 둘러싸여 있으며, 물과 공기의 출입 통로 역할을 합니다. 공변세포는 반달 모양으로 다른 표피조직과 달리 엽록체가 있어요.

그리고 표피 안쪽에는 세포들이 길게 늘어선 책상조직과 세포들이 엉성하게 모여 있는 해면조직이 있으며, 이들 조직을 이루는 세포에는 엽록체가 들어 있습니다. 잎에는 줄기의 관다발과 연결된 잎맥이 있는데 위쪽에는 물관, 아래쪽에는 체관이 있어 물과 양분의 이동에 관여합니다.

큐티클 층
생물의 몸의 표면을 덮고 있는 딱딱한 층.
몸을 보호하고 수분 증발을 방지한다. 육상식물과 절지동물에 잘 발달하였다.

생활 속 과학 이야기 2

식물 속에도 펌프가 있는 걸까요?

식물의 증산작용 실험

식물에 비닐봉지를 씌워 놓자 증산작용에 의해 물방울이 맺혔다.

서울 여의도에 있는 63빌딩 전망대는 지상에서 약 250m나 높은 곳인데도 수도꼭지를 틀면 물이 지상에서처럼 잘 나옵니다. 어떻게 그 높은 곳까지 물을 이동시킬 수 있었을까요? 그것은 여러 개의 펌프를 이용해서 각 층으로 물을 올려주기 때문입니다.

그러면 키가 10m가 훌쩍 넘는 나무 꼭대기에 있는 잎에는 물이 어떻게 전달될까요? 나무에는 펌프도 없는데 말이죠.

그것은 증산작용 때문이에요. 낮에 잎이 달린 나뭇가지를 비닐봉지로 씌워 놓으면 얼마 지나지 않아 비닐봉지에 물방울이 맺혀 뿌옇게 되는 것을 볼 수 있어요. 이는 뿌리에서 물관을 통해 잎에 올라온 물을 잎의 기공을 통하여 수증기로 내보내는 잎의 '증산작용' 때문이랍니다. 증산작용은 잎의 공변세포가 기공

을 열고 닫으며 조절하는데, 기온이 높거나 건조한 날 활발하게 일어납니다. 증산작용에 의해 잎에서 수분이 증발되면 빨대로 물을 빨아들이는 것처럼 뿌리에서 흡수한 물이 물관을 통해 계속 올라오게 됩니다. 이처럼 증산작용은 뿌리에서 식물의 끝까지 물을 끌어올리는 펌프와 같은 역할을 한답니다.

완소 강의

나뭇잎의 놀라운 힘, 증산작용

◆◆ 잎은 어떻게 생겼을까?

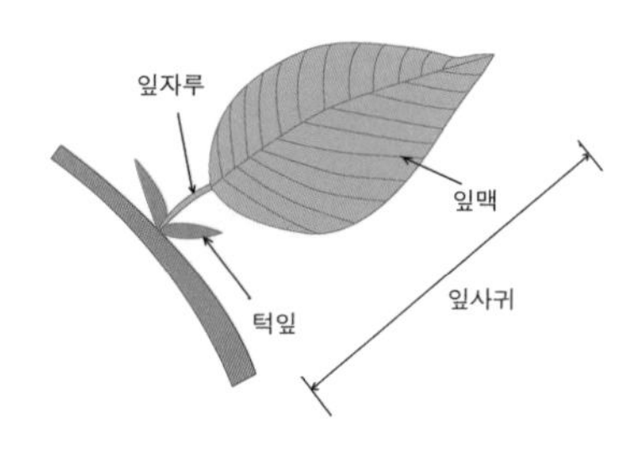

겉으로 볼 때 식물의 잎은 오른쪽 그림과 같이 줄기와 잎사귀를 연결하는 잎자루, 잎의 넓적한 부분으로 엽록체가 들어 있는 잎사귀, 그리고 어릴 때 눈을 싸서 보호하는 턱잎 등 단순한 구조로 되어 있습니다.

하지만 잎의 속 구조는 어떤 전자제품보다 정밀하고 복잡하게 되어 있답니다. 아래 그림과 같이 표피, 공변세포, 기공, 책상조직, 해

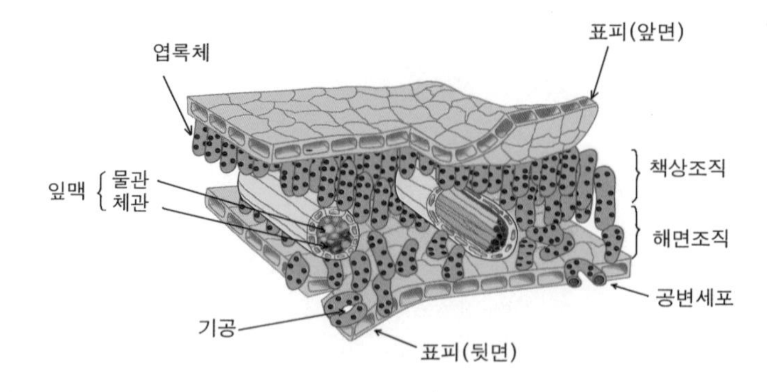

잎의 구조

면조직, 잎맥 등으로 되어 있어요.

- **표피** : 잎의 가장 바깥쪽에 있는 한 겹의 세포층으로 엽록체는 없고 기공이 있습니다. 공변세포는 표피세포가 변한 것이지만 다른 표피세포와 달리 엽록체가 있어 광합성을 합니다. 또한 공변세포에는 기공이라고 하는 작은 구멍이 가운데 있는데, 이 구멍을 통해 공기와 수증기가 드나듭니다.
- **책상조직** : 앞면 표피 아래쪽에 있고, 엽록체가 많아 광합성이 가장 활발하게 일어나는 곳입니다.
- **해면조직** : 책상조직 아래쪽에 세포들이 엉성하게 모여 있는 곳입니다.
- **잎맥** : 줄기의 관다발이 잎으로 연결된 것으로, 물관과 체관이 있는 물질의 이동 통로입니다.

◆◆ 잎의 기능

식물의 잎은 햇빛을 이용해 엽록체에서 녹말과 같은 영양분을 만드는 광합성작용을 하고, 식물체 내의 물을 기공을 통해 수증기 형태로 공기 중으로 내보내는 증산작용을 하며, 산소를 받아들이고 이산화탄소를 내보내는 호흡작용 등을 합니다.

증산작용

잎의 기공을 통해 물을 수증기 형태로 내보내는 현상입니다. 공변세포가 기공을 여닫아 조절하는데, 기공은 주로 낮에 열리고 밤에 닫힙니다.

증산작용은 햇빛이 강하고 기온이 높으며, 바람이 많고 습도가 낮을수록 잘 일어나는데, 식물은 증산작용을 통해 물을 위로 이동시키고, 체온과 수분의 양을 조절합니다.

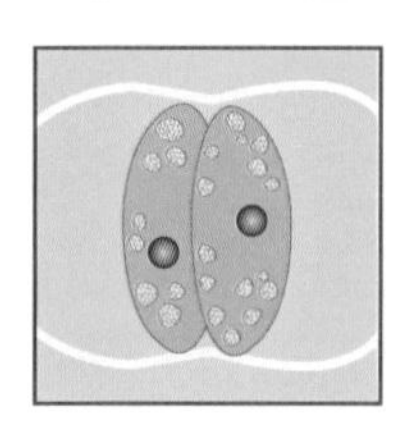
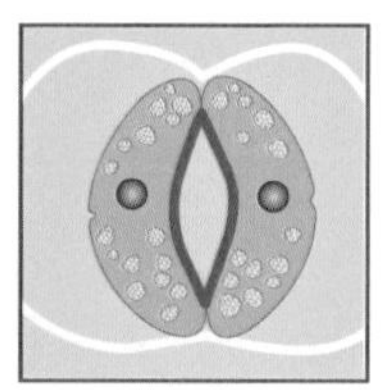

공변세포에 의해 닫힌 기공(왼쪽, 밤)
공변세포에 의해 열린 기공(오른쪽, 낮)

미리 만나보는 과학논술

잎에 관한 서술형 문제

아래 사진은 식물의 잎에 있는 공변세포인데, 낮에는 열려 있고 밤에는 닫혀 있다. 식물에는 근육도 없는데 공변세포는 어떻게 열리고 닫히는 것일까?

공변세포의 가운데 부분인 기공이 있는 곳은 세포벽이 두껍고 바깥쪽은 얇은 구조로 되어 있다. 낮에 공변세포가 광합성을 하여 포도당을 생성하면 농도가 높아지는데, 이때 삼투현상에 의해 주위의 세포로부터 공변세포에 물이 들어와 바깥쪽이 팽팽해져 많이 늘어나게 된다. 이때 기공이 열리는 것이다. 밤에는 그 반대 현상이 일어나 기공이 닫히게 된다.

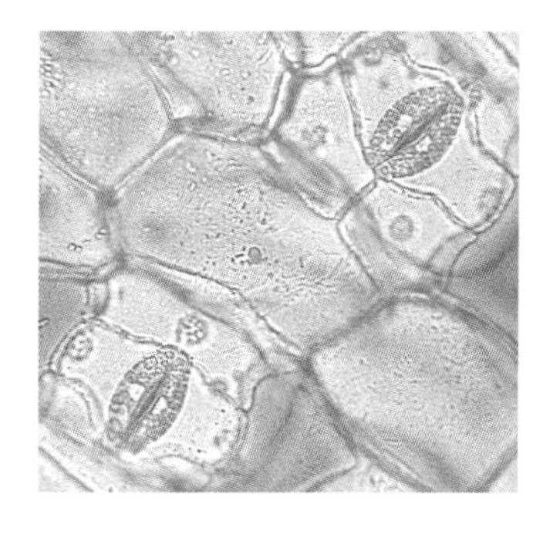

겨울이 되면 활엽수들은 대부분 잎을 떨어뜨리고 앙상한 가지만 남는다. 그 이유는 무엇일까?

기온이 내려가면 엽록소가 파괴되어 광합성의 양이 감소하고 땅이 얼게 되면 뿌리가 물을 흡수할 수 없게 된다. 활엽수들은 잎이 넓어, 증산작용에 의해 공기 중에 내놓는 수분의 양이 많은데, 겨울에도 잎이 있으면 증산작용을 통해 수분이 감소되기 때문에 나무에 치명적일 수 있다. 그래서 겨울에 나무들은 잎을 다 떨구는 것이다.

▶▶ 중학교 2학년 **식물의 구조와 기능 : 광합성**

식물은 왜 광합성을 할까요?

만약에! : 식물은 움직여서 먹이를 찾을 수도 없는데, 어떻게 살아가는 데 필요한 양분과 에너지를 만드는 걸까요? 그것은 잎에서 광합성을 통해 만든답니다. 만약에! 너무 오랫동안 햇빛에 내놨다든지 또는 너무 오랫동안 그늘에 놔뒀다면 식물은 어떻게 될까요?

생활 속 과학 이야기 1

왜 숲속에선 기분이 상쾌한가요?

무더운 여름, 나무들로 가득한 숲속이나 아름드리 느티나무 아래에 있으면 도시에서 느끼지 못했던 상쾌함과 시원함을 느낄 수 있습니다. 이렇게 여름의 뜨거운 햇빛을 막아 시원한 그늘을 만들어 주는 것은 바로 녹색의 잎 때문입니다. 왜 모든 식물들은 녹색의 잎을 가지고 있는 걸까요?

바로 나뭇잎 속 세포에 있는 엽록체 때문이랍니다. 더 정확하게 말하면 엽록체 안에 녹색을 띠는 엽록소라는 색소가 있기 때문이에요. 엽록소는 햇빛과 반응하여 햇빛 속에 있는 에너지를 식물이 사용할 수 있는 에너지로 바꿔 주는 역할을 합니다. 바로 이 에너지로 광합성 과정이 진행된답니다.

보기만 해도 상쾌한 숲

엽록체에서 광합성이 끝나면 포도당과 산소가 만들어집니다. 포도당은 일단 물에 잘 녹지 않는 녹말로 변환되었다가 다시 식물체의 각 부분에 포도당으로 저장되어 필요할 때 양분으로 사용된답니다.

이렇게 저장된 양분을 초식동물이 섭취함으로써 생태계 전체의 생물이 살아가는 데 필요한 양분이 되는 것이죠. 한편, 식물체의 호흡에 사용된 후 남은 산소는 잎의 기공을 통해 공기 중에 배출됩니다. 숲속에서 느끼는 상쾌함은 바로 나무가 배출한 신선한 산소를 마실 수 있기 때문이랍니다.

생활 속 과학 이야기 2

식물도 배가 고플까요?

식물을 가꾸다 보면 종종 시들 때가 있습니다. 대부분 제때 물을 주는 것을 잊어버렸거나 너무 오랜 시간 동안 햇빛이 드는 곳에 화분을 두었기 때문이에요. 하지만 곧 물을 주거나 그늘진 곳으로 화분을 옮겨 주면 금방 싱싱한 모습으로 돌아오는 것을 볼 수 있습니다.

식물이 시드는 이유는 여러 가지 원인이 있어요. 식물의 생활에 필요한 무기물질이 부족하거나 증산작용으로 인해 식물체에서 너무 많은 수분이 빠져나갔기 때문이기도 하지요. 하지만 이런 경우 대부분 주변 환경이 광합성이 활발하게 일어날 수 있는 조건이 아닌 경우가 많습니다. 이렇듯 식물이 시드는 것은 살아가는 데 필요한 양분과 에너지가 부족한 것으로 보면 됩니다. 이는 동물로 비유하면 배가 고파서 힘이 없는 것과 같지요.

한편, 식물이 힘을 얻으려면 광합성을 하기에 다음과 같은 최적의 조건이 유지되어야 해요. 충분한 빛의 세기, 적절한 이산화탄소 농도, 온도 조건이 바로 그것입니다. 빛의 세기는 강할수록 좋지만, 잎의 엽록소가 모두 반응할 수 있는 것보다 더 빛이 세지면 광합성의 양은 더 이상 증가하지 않는답니다. 이산화탄소 농도도 0.1% 정도까지는 광합성의 양이 증가하지만 0.1%보다 높아지면 역시 광합성의 양은 증가하지 않아요. 온도는 30~40℃일 때 광합성 반응이 가장 활발하게 진행되지만, 40℃ 이상이 되면 오히려 광합성 반응이 감소하게 된답니다. 식물도 동물들처럼 체온이 높아지는 것을 싫어하는 거죠.

생활 속 과학 이야기 3

해바라기는 왜 태양만 바라보나요?

해바라기는 떡잎이 씨앗에서 나와 본잎이 되기 전까지 씨앗에 저장되어 있는 영양분을 이용해서 자랍니다. 하지만 본잎이 나오면 광합성을 하여 영양분을 생산하지요. 해바라기는 좋은 꽃을 피우고 알찬 열매를 맺기 위해 영양분이 필요하므로 본잎의 수를 자꾸 불려 나간답니다. 그런데 잎의 수가 늘어날수록 잎들이 서로 겹쳐서 나게 되면, 위쪽 잎이 빛을 가로막아 아래쪽 잎은 빛을 쬐지 못해 광합성을 원활하게 할 수가 없습니다. 그래서 해바라기는 잎들이 서로 겹치지 않도록 각각 다른 방향으로 뻗어 나가죠. 즉 잎이 먼저 나온 잎과의 사이에 일정한 각도를 가지면서 줄기의 둘레를 소용돌이 모양으로 돌며 자란답니다. 또한 해바라기의 어린 줄기는 그 끝이 태양을 따라 움직입니다. 아침에는 줄기 끝이 동쪽을 향하고 있다가 저녁이 되면 서쪽을 향하지요. 그래서 '해바라기'라는 이름을 얻게 된 것입니다. 해바라기가 태양을 따라 몸을 움직이는 까닭은 광합성을 잘 하기 위해서랍니다. 광합성을 하기 위해서는 태양에너지를 듬뿍 받아야 하거든요.

해바라기

완소 강의

지구의 식량을 만드는 광합성

◆◆ 광합성은 어떻게 이루어질까?

광합성이란 식물의 잎에서 물과 이산화탄소를 원료로 태양 에너지를 이용하여 포도당과 산소를 만들어 내는 작용을 말합니다. 이렇게 광합성으로 얻은 포도당은 호흡을 통해 산소와 화학 반응을 하여 에너지를 만듭니다. 또한 광합성을 통해 나오는 산소는 동물이 호흡하는 데 사용된답니다. 그렇다면 광합성은 어떤 곳에서 이루어질까요?

식물의 잎에는 녹색의 작은 알갱이가 많이 들어 있는데, 이것을 엽록체라고 합니다. 엽록체에는 엽록소라는 녹색의 색소가 들어 있어서 빛에너지를 흡수하지요. 그런데 이 에너지로 물과 이산화탄소를 합성하여 녹말과 산소를 생산한답니다. 광합성은 바로 이곳 엽록체에서 발생합니다.

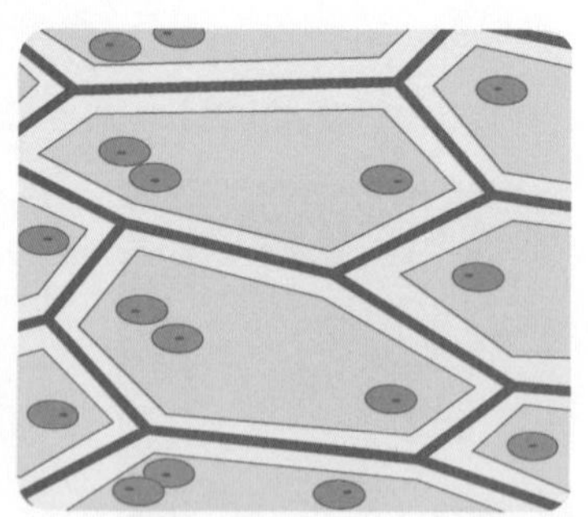

엽록체(녹색의 작은 알갱이 모양)

광합성에 필요한 물질

● **이산화탄소** : 식물은 이산화탄소를 잎의 기공을 통해 흡수합니다.

● **물** : 식물은 뿌리를 통해 물을 흡수합니다.

● **빛에너지** : 식물은 태양에서 오는 빛을 에너지로 하여 광합성을 하는데, 빛에너지는 광합성을 통해 화학에너지의 형태로 바뀝니다.

광합성으로 생기는 물질

● **포도당** : 광합성의 결과로 잎에서 처음 만들어지는 물질은 포도당입니다. 포도당은 녹말로 변환되었다가 다시 포도당 상태로 물에 녹아 주로 밤에 체관을 통해 필요한 곳으로 운반됩니다.

● **산소** : 광합성으로 만들어진 산소의 일부는 식물의 호흡에 사용되고 나머지는 잎의 기공을 통해 공기 중으로 방출됩니다.

광합성에 영향을 미치는 여러 가지 조건들

● **빛의 세기** : 이산화탄소의 농도와 온도가 일정할 때, 빛의 세기가 강할수록 광합성의 양은 증가합니다. 그러나 빛의 세기가 어느 정도에 이르면 광합성의 양은 더 이상 증가하지 않습니다.

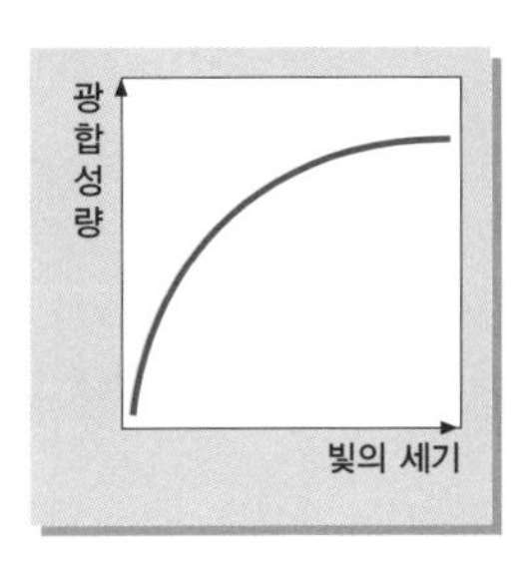

● **이산화탄소의 농도** : 빛의 세기와 온도가 일정할 때, 이산화탄소의 농도가 높을수록 광합성의 양은 증가합니다. 그러나 이산화탄소의 농도가 어느 정도에 이르면 광합성 양은 더 이상 증가하지 않습니다.

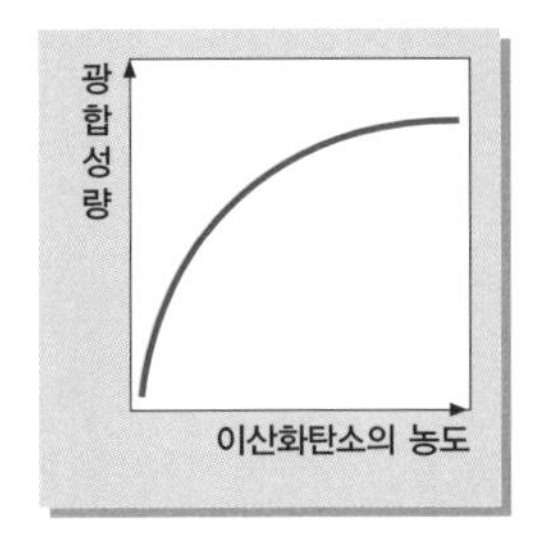

● **온도** : 빛의 세기가 강하고 이산화탄소의 농도가 일정할 때, 광합성은 30~40℃의 온도에서 가장 활발하게 일어납니다. 그러나 온도가 40℃를 넘으면 광합성 양은 급격히 감소합니다.

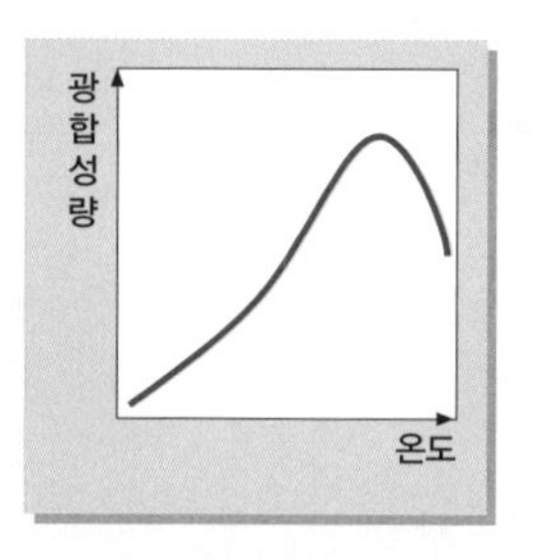

미리 만나보는 과학논술

광합성에 관한 서술형 문제

주변의 온도가 40℃가 넘으면 광합성량이 오히려 감소한다는데 그 까닭은 무엇일까?

엽록체에서 일어나는 광합성은 여러 가지 효소가 관여해서 물질을 합성해 나가는 과정이다. 생물체에 존재하는 효소는 단백질로 구성되어 있는데, 단백질은 40℃ 이상이 되면 변성되어 원래 가지고 있던 기능을 잃어버리게 된다. 따라서 주변의 온도가 40℃보다 높아지면 엽록체 내의 효소들이 변하게 되고 광합성은 더 이상 진행되지 못하고 오히려 감소한다.

사탕수수처럼 기온이 40℃가 넘는 열대지방 식물들은 어떻게 광합성을 하는 것일까?

대부분의 식물들은 수분, 이산화탄소, 빛의 세기, 온도 등의 조건이 좋으면 엽록체가 있는 세포 전부에서 광합성을 수행한다. 그러나 기온이 매우 높은 지역에서 이와 같은 방식으로 광합성을 하면 식물들은 수분의 손실로 금방 말라죽게 된다. 따라서 이런 지역에 사는 식물은 다른 방법의 광합성을 하도록 적응되었다.

첫 번째, 광합성이 일어나는 장소를 나누어, 바깥 세포에서 이산화탄소를 흡수하고 안쪽 세포에서 광합성의 나머지 반응을 진행시켜 원활한 광합성을 하는 방법이 있다. 사탕수수나 옥수수가 이와 같은 방법으로 광합성을 한다.

두 번째, 반응의 시기를 조절하는 방법이 있다. 기온이 낮은 밤에 기공을 열어 수분의 손실을 막으면서 이산화탄소를 흡수한 후 이를 세포 내에 저장했다가 낮에 광합성을 완료하는 방법이다. 선인장이 이와 같은 방법의 광합성을 진행한다.

▶▶ 중학교 2학년 **식물의 구조와 기능 : 꽃과 열매**

꽃과 열매는 어떤 역할을 할까요?

만약에! : 식물에는 왜 꽃과 열매가 있는 걸까요? 그저 자신이 아름답다는 걸 뽐내고, 동물의 먹이를 생산하기 위해 꽃을 피우고 열매를 맺는 걸까요? 그렇지 않습니다. 꽃이 있는 것은 곤충을 유혹해 수분을 하려는 것이고, 열매가 있는 것은 동물을 유혹해 씨를 퍼뜨리기 위함이죠. 만약에! 꽃과 열매가 없다면 식물은 자손을 어떻게 남길 수 있었을까요?

생활 속 과학 이야기 1

식물은 왜 꽃을 피우는 걸까요?

해마다 봄이 되면, 경남 진해나 서울의 여의도를 비롯한 전국 여러 곳으로 거리 가득 피어난 벚꽃을 보기 위해 수많은 인파들이 몰려들곤 합니다.

꽃은 외관상으로 아름답고 향기가 있어 집안을 장식하거나, 여러 상품에 디자인 소재로 쓰이기도 하지요. 또한 사랑하는 사람에게 주는 대표적인 선물이기도 해요. 그리고 식물을 기억할 때 사람들은 종종 그 식물의 꽃의 모양을 통해 기억한답니다.

아름다운 벚꽃나무

꽃은 이러한 기능 이외에도 식물에 없어서는 안 될 중요한 역할을 한답니다. 종자식물에서

유성생식을 담당하는 생식기관이 바로 꽃이기 때문이죠. 즉 종자를 만들어 자손을 퍼뜨리는 중요한 역할을 담당하고 있습니다. 벚꽃놀이를 가서 벚꽃을 자세히 들여다보면 꽃 안에 여러 가지 구조들이 있는 것을 발견하게 될 거예요.

꽃은 줄기의 끝부분인 꽃받기에 달리며 이러한 기능을 수행하기 위해서 꽃받침, 꽃잎, 수술, 암술 등으로 구성되어 있습니다. 꽃받침은 대부분 녹색의 잎 모양으로 생겼으며, 꽃이 피기 전에 꽃이 될 '눈'을 보호하는 기능을 합니다. 또한 꽃잎은 식물의 생식에서 중요한 기능을 수

종자식물 생식기관인 꽃과 열매가 있고 씨로 번식한다.

유성생식 암수의 두 개체의 결합에 의해 새로운 생명체를 탄생시키는 생식 방법

수분

수분은 종자식물에서 수술의 꽃가루, 즉 화분이 암술머리에 옮겨 붙는 일을 말하는데, 흔히 '가루받이'라고도 하며 곤충이나 바람, 새 등의 도움을 받아 이루어진다. 수분에는 같은 그루의 꽃 사이에서 수분이 일어나는 '자가수분'과 서로 다른 그루 사이에서 수분이 일어나는 '타가수분'이 있다.

행하는 암술과 수술을 보호하고, 수분을 해주는 동물들의 시선을 끄는 역할도 한답니다.

대부분의 꽃은 암술과 수술이 한 꽃 안에 있어요. 하지만 호박이나 밤나무처럼 한 그루에서 암술만을 가진 암꽃과 수술만을 가진 수꽃이 따로 구분되는 종류도 있고, 은행나무나 소철처럼 암그루와 수그루가 각각 구분되는 경우도 있습니다.

생활 속 과학 이야기 2

식물은 왜 열매를 맺는 걸까요?

우리는 쌀로 지은 밥과 오이나 호박 등으로 만든 음식을 먹고, 수박이나 복숭아 등의 과일을 간식으로 먹습니다. 또한 한약에는 대추를 비롯한 여러 가지 열매들을 사용하고, 목화나 삼에서 얻은 섬유로 옷을

해 입기도 합니다. 이처럼 식물의 열매는 우리 생활 전반에 유용하게 사용되고 있죠.

그렇다면 식물은 씨(종자)만으로도 충분히 자손을 남길 수 있음에도 열매를 만드는 이유가 무엇일까요? 그것은 식물이 직접 씨를 퍼뜨릴 수 없기 때문이에요. 식물은 씨를 멀리 보냄으로써 자신과 같은 종족의 서식지를 확장할 수 있지요. 즉 씨가 있는 열매를 맺어 그것을 동물이 먹게 하고, 그것을 먹은 동물들이 여러 곳으로 이동한 후 그 씨를 다시 배설하게 하는 것이죠. 그렇게 되면 동물이 이동한 거리만큼 씨를 멀리 보낼 수 있게 되겠지요? 우리가 수박이나 참외를 먹은 후 대변에서 소화되지 않는 씨를 발견할 수 있는 것도 이런 이유 때문입니다.

완소 강의

식물의 생식기관, 꽃과 열매

◆◆ 꽃은 무엇으로 이루어졌을까?

식물의 꽃은 오른쪽 그림과 같이 암술, 수술, 꽃잎, 꽃받침으로 이루어져 있습니다. 암술은 암술머리, 암술대, 씨방으로 되어 있는데, 암술머리는 화분(꽃가루)이 붙기 쉽게 끈적끈적하며, 씨방 속에는 밑씨가 들어 있습니다. 그리고 수술은 꽃밥과 수술대로 되어 있으며, 꽃밥 속에는 많은 화분이 들어 있어요. 꽃잎은 암술과 수술을 둘러싸고 있어 보호하는 역할을 하지요. 또한 아름다운 색깔을 띠고 있어 곤충을 유인하는 역할도 하고요. 한편, 꽃받침은 꽃의 가장 바깥쪽 부분에 있는데 꽃잎을 받쳐 보호하는 역할을 한답니다.

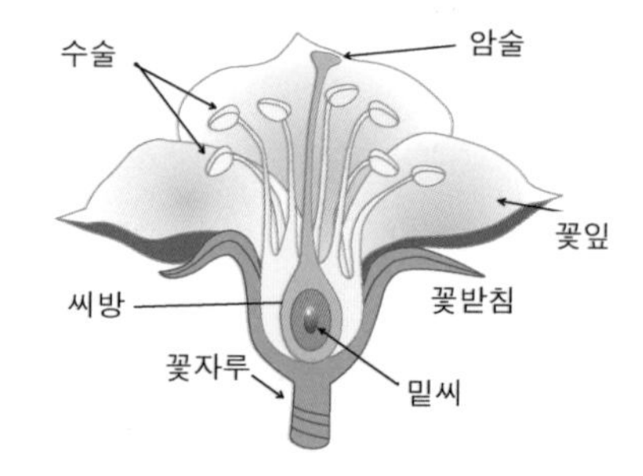

꽃의 구조

꽃의 기능

꽃은 종자식물의 생식기관으로 씨를 만들어 번식합니다. 씨가 만들어지려면 다음과 같이 '수분'과 '수정'이라는 것이 이루어져야 해요.

● **수분** : 수술의 꽃밥에서 만들어진 화분이 암술머리에 붙는 것을 수분이라고 합니다.

● **수정** : 수분이 이루어지면 화분이 발아해서 화분관이 생기는데, 이 화분관 속의 핵이 밑씨와 수정됩니다.

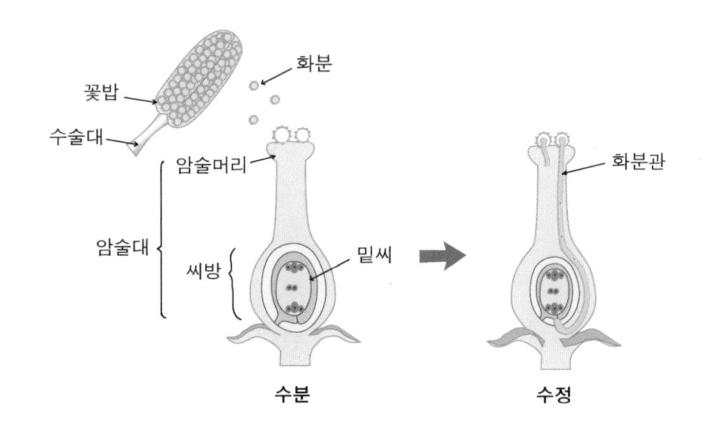

식물의 수분 및 수정 과정

◆◆ 열매와 씨는 무엇으로 이루어졌을까?

수정이 되면 씨방은 열매가 되고 밑씨는 씨가 됩니다. 먼저 열매에 대해서 알아볼까요? 열매에는 두 종류가 있는데 참열매와 헛열매가 있어요. 감, 호박, 복숭아처럼 씨방이 열매가 된 것을 참열매라고 하고, 사과, 배, 딸기처럼 꽃받기나 꽃받침 부분이 열매가 된 것을 헛열매라고 한답니다. 다음 쪽의 그림은 열매의 단면을 그린 것입니다. 참열매와 헛열매의 차이를 알겠지요?

자, 그럼 씨에 대해 알아볼까요? 씨는 땅에 떨어져 싹이 트기 알맞

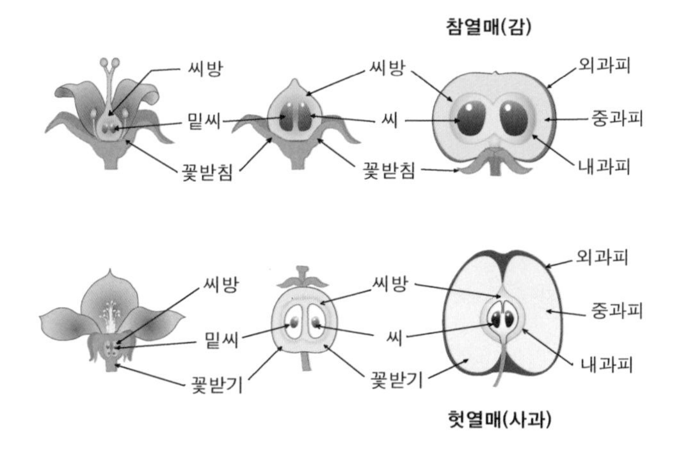

열매의 단면 구조

은 환경이 될 때까지 기다린 후 알맞은 조건이 되면 싹을 틔우고 식물로 자라게 됩니다. 씨는 '배'와 '배젖'으로 구성되어 있고, 씨껍질로 싸여 있지요. 배는 나중에 자라서 식물체가 될 부분이고, 배젖은 이름 그대로 '배의 젖'이라고 할 수 있어요. 즉 배가 자라는 데 필요

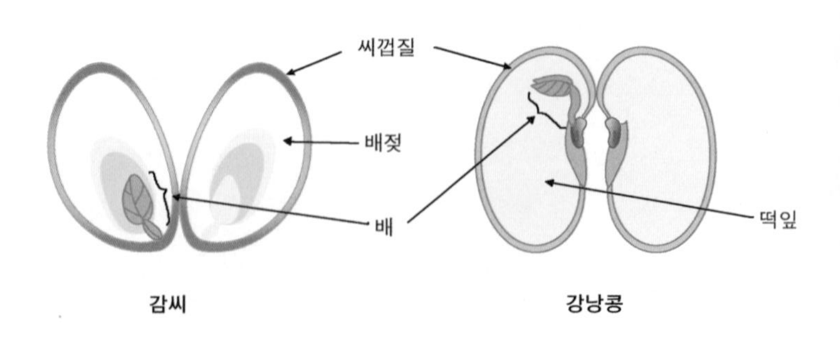

씨의 구조

한 영양분을 공급하는 곳입니다. 감나무나 사과나무의 경우에는 씨에 배젖이 들어 있어요. 하지만 모든 식물의 씨에 배젖이 있지는 않답니다. 예를 들어, 완두와 같은 '콩과 식물' 의 경우에는 씨 속에 두 개의 떡잎이 들어 있어 배젖의 역할을 대신 한답니다.

미리 만나보는 과학논술

꽃과 열매에 관한 서술형 문제

경상북도 최남단에 위치한 청도군은 씨 없는 감으로 유명한 곳이다. 이 감에 씨가 없는 이유는 무엇일까?

감나무는 다른 과일 나무와는 달리 암꽃과 수꽃이 따로 핀다. 수꽃의 꽃가루는 바람에 의해 암꽃으로 옮겨져 수분이 이루어지는데, 그 결과로 씨가 맺히게 되는 것이다. 그런데 특이하게 청도의 감나무는 수꽃 없이 암꽃만 핀다.

따라서 청도에는 이런 암꽃 피는 암나무들만 모여 있기 때문에 수분이 되질 않아 씨가 생기지 않는 것이다. 하지만 청도 감나무를 다른 지역의 감나무 사이에 옮겨 놓는다면 씨가 생긴다. 다른 감나무에서 피는 수꽃의 꽃가루가 날아와 수분이 되기 때문이다.

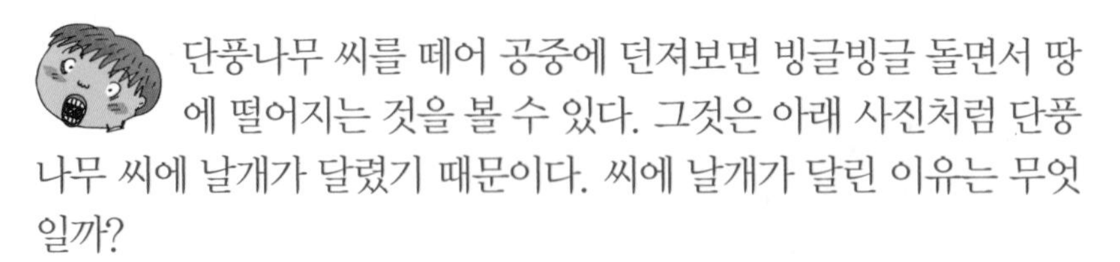

단풍나무 씨를 떼어 공중에 던져보면 빙글빙글 돌면서 땅에 떨어지는 것을 볼 수 있다. 그것은 아래 사진처럼 단풍나무 씨에 날개가 달렸기 때문이다. 씨에 날개가 달린 이유는 무엇일까?

단풍나무 씨에 날개가 달린 이유는 종자를 멀리 보내기 위해 자연 환경에 적응한 결과이다. 바람에 의해 좀 더 멀리 씨를 날려 보내기 위해 날개가 발달하게 된 것이다.

1987년 강원도 양구군 대암산 일대에서 아래 사진에 있는 끈끈이주걱이 떼를 지어 사는 것이 발견됨으로써 우리나라에서도 식충식물이 분포하고 있다는 것이 확인되었다. 식충식물은 엽록체도 있어 스스로 광합성을 하여 영양분을 만들 수 있는데, 왜 곤충이나 작은 동물을 잡아먹는 것인지 식충식물의 특징과 함께 설명하시오.

식충식물은 대부분 화려한 색깔과 향기로 곤충을 유혹하여 먹이로 삼는다. 곤충을 잡으면 효소가 들어 있는 소화액을 분비하여 잡은 곤충들을 소화시켜 영양분을 섭취한다.

식충식물이 스스로 광합성을 통해 영양분을 생산할 수 있는데도 곤충이나 작은 동물을 잡아먹는 까닭은 식충식물이 사는 환경과 관련이 깊다. 식충식물들은 주로 습지나 석회암 절벽 지대처럼 양분이 빈약한 환경에 살기 때문에 동물의 체액을 흡수해서 땅에서 얻기 힘든 영양분을 보충하는 것이다.

MILK
CA+

자극과 반응

★자극의 감각(시각 · 청각) 눈과 귀가 하는 역할은 무엇일까요? ★자극의 감각(후각 · 미각 · 촉각) 코, 혀, 피부는 어떤 감각을 느낄까요? ★자극의 전달과 신경계 신경계는 어떻게 자극을 전달할까요? ★반사반응과 약물 오남용 우리 몸은 외부 자극에 어떻게 반응할까요? ★호르몬 호르몬은 어떤 영향을 미치나요?

▶▶ 중학교 2학년 **자극과 반응 : 자극의 감각(시각 · 청각)**

눈과 귀가 하는 역할은 무엇일까요?

만약에! : 점자라는 것이 있어요. 이것은 두꺼운 종이 위에 도드라진 점들을 일정한 방식대로 배열해 놓은 건데 시각장애인들이 손끝으로 더듬어 읽도록 만든 글자이지요. 이처럼 어느 한 감각이 제대로 역할을 못 할 때는 다른 감각이 더욱 발달하게 마련이랍니다. 만약에! 어두운 동굴에서 전혀 앞이 보이지 않는다면 우린 손으로 동굴을 더듬으며 소리를 더 잘 듣기 위해 귀를 쫑긋 세우게 될 거예요.

생활 속 과학 이야기 1

눈은 어떻게 물체를 보는 걸까요?

충북 충주에 있는 성심학교는 청각 장애인을 위한 학교인데, 특히 야구부가 유명합니다. 야구에서는 공의 움직임을 보는 것만큼 타자가 공을 치는 소리를 듣는 것이 중요한 운동이에요. 운동은 오감(시각, 청각, 후각, 미각, 촉각)을 종합적으로 이용해야 능률이 높기 때문이죠. 이런 점에서 성심학교의 야구부는 정상인들보다 어려움이 많지요. 하지만 성심학교 야구부원들은 귀가 안 들리는 어려움을 잘 극복하고 시각을 최대한 이용해 열심히 운동해서 많은 사람들에게 큰 감동을 준답니다.

성심학교 야구부원들의 모습

우리는 야구를 할 때뿐만 아니라 항상 주위 환경에 대해 적절한 반응을 하며 살아갑니다. 이러한 반응을 일으키는 것을 '자극'이라고 하지요. 우리 몸에는 외부 자극을 받아들이는 독립된 기능의 감각기관들이 잘 발달되어 있어요. 코로 냄새를 맡고, 귀로 소리를 듣고, 손으로 만지고, 눈으로 물체를 보면서 세상을 경험할 수 있답니다. 이 중에서 특히 눈으로 받아들이는 정보의 비율이 대략 70%가 되는데, 이는 코, 귀, 손 등이 받아들이는 정보를 모두 합친 것보다 많습니다.

그렇다면 우리는 어떤 과정을 통해 물체를 볼 수 있는 걸까요? 우리의 눈은 흔히 사진기와 비유되곤 합니다. 수정체는 사진기의 렌즈, 망막은 필름, 홍채는 조리개, 맥락막은 어둠상자인 사진기 몸체에 해당하지요. 물체를 보게 되는 과정은 다음과 같아요.

빛이 수정체를 통해 들어오면 망막 위에 우리가 보는 물체의 상이 맺히게 됩니다. 이때 망막의 시세포(빛에 의한 자극을 받아들이는 감각세포)가 흥분

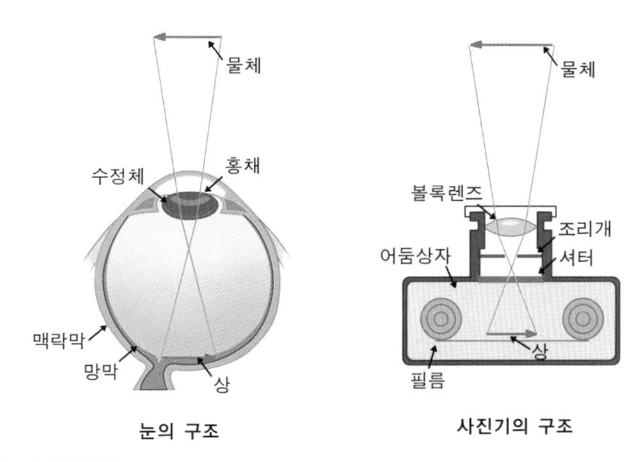

사람의 눈과 사진기의 비교

되어 이 흥분이 시신경을 통해 대뇌로 전달되면 물체의 상을 느낄 수 있는 것이죠.

생활 속 과학 이야기 2

제자리에서 돌다가 멈추면 왜 어지럽나요?

놀이공원에 가서 찻잔 모양의 놀이기구를 타본 적이 있지요? 빠르게 회전하는 놀이기구를 탄 후에 땅에 내리면 몸의 중심을 잡지 못하고 비틀거리며 놀이기구를 계속 타고 있는 것처럼 땅이 빙빙 도는 느낌이 들지요. 또 제자리에서 빠르게 여러 번 돈 후 갑자기 멈추면 어지러워서 제자리에 서 있기 힘든 때도 있어요. 그 이유는 우리 몸의 평형을 유지하는 귓속의 반고리관 때문이랍니다. 제자리에서 돌거나 회전하는 놀

이기구를 탔을 때 반고리관 속의 액체도 함께 회전하게 되는데, 갑자기 몸을 멈추면 반고리관 속의 액체는 회전하던 관성 때문에 멈추는 데 시간이 걸린답니다. 그래서 우리가 어지러움을 느끼게 되는 것이죠.

이렇듯 내이(속귀)에 있는 전정기관과 반고리관은 평형감각을 감지하며 각각 몸의 기울어짐과 회전을 감지합니다. 몸을 기울이면 전정기관 속에 들어 있는 '이석'이라고 하는 물질이 함께 움직이고, 몸이 회전하면 앞에서 말했듯이 반고리관 속의 액체가 같이 회전하게 된답니다. 각 기관의 감각세포가 이러한 움직임에 자극받아 이러한 감각을 뇌에 전달하여 우리 몸이 평형을 유지할 수 있도록 도와주는 것이랍니다.

내이
귀는 외이, 중이, 내이의 세 부분으로 구분되는데, 내이는 귀의 가장 안쪽에 있으며, 달팽이관, 전정기관, 반고리관으로 이루어져 있다.

완소 강의

우리 몸의 감각기관 - 눈·귀

◆◆ 자극과 반응

사람은 바깥에서 주어지는 다양한 환경의 영향을 받으면서 살아가는데, 이러한 외부 환경의 변화를 '자극'이라고 합니다. 자극에는 빛, 소리, 냄새, 맛, 온도, 접촉 등에 의한 자극이 있으며, 사람은 이러한 외부 자극을 받아들이기 위한 기관이 발달되어 있는데, 이것을 감각기관이라고 합니다.

◆◆ 우리 몸의 눈은 어떻게 생겼을까?

우리 몸의 눈은 다음과 같은 구조로 되어 있습니다.

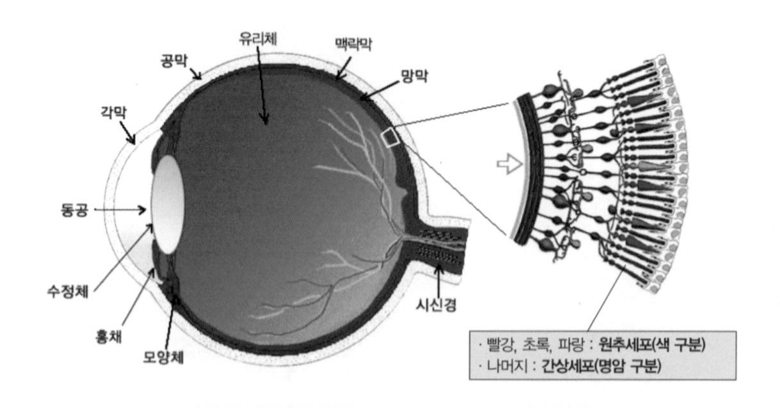

- **공막 :** 눈의 형태를 유지하고 내부를 보호합니다.
- **각막 :** 얇고 투명한 막으로, 빛을 통과시킵니다.
- **맥락막 :** 멜라닌 색소가 있어 사진기의 어둠상자와 같은 역할을 합니다.
- **망막 :** 물체의 상이 맺히는 곳으로 시세포가 분포해 있습니다.
- **수정체 :** 볼록렌즈 모양으로 빛을 굴절시켜 망막에 상이 잘 맺히게 합니다.
- **홍채 :** 동공의 크기를 조절하여 눈으로 들어오는 빛의 양을 조절합니다.
- **모양체 :** 수정체의 두께를 변화시켜 원근을 조절하는 근육입니다.
- **유리체 :** 눈 속을 채우고 있는 투명한 액체로, 눈의 모양을 유지합니다.

◆◆ 동공과 수정체의 조절

사람의 눈으로 들어오는 빛의 양은 흔히 눈동자라고 부르는 동공의 크기에 따라 달라지며, 동공의 크기는 홍채에 의해 조절됩니다. 밝은 곳에서는 동공의 크기가 작아져 들어오는 빛의 양을 줄이고, 어두운 곳에서는 동공의 크기가 커져 들어오는 빛의 양을 늘린답니다.

또한 수정체의 두께는 보는 물체와의 거리에 따라 달라지는데, 수정체에 연결된 모양체에 의해 조절됩니다. 즉 먼 곳을 볼 때는 수정체가 얇아지고, 가까운 곳을 볼 때는 수정체가 두꺼워진답니다. 이 수정체의 두께가 잘 조절되지 않으면 눈에 이상이 생기지요.

◆◆ 눈의 원근 조절

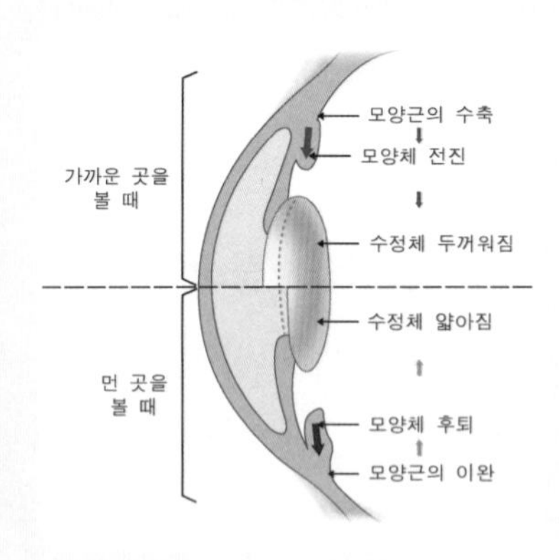

눈의 원근 조절

- **근시안 :** 가까이 있는 물체는 잘 보이지만 멀리 있는 물체는 잘 안 보이는 눈입니다. 이것은 수정체가 너무 두껍거나 수정체와 망막 사이가 길어서 상이 망막의 앞에 맺히기 때문인데, 오목렌즈로 된 안경을 써서 교정할 수 있습니다.
- **원시안 :** 멀리 있는 물체는 잘 보이지만 가까이 있는 물체는 잘 안 보이는 눈입니다. 이것은 수정체가 너무 얇거나 수정체와 망막 사이가 짧아서 상이 망막의 뒤에 맺히기 때문인데, 볼록렌즈로 된 안경을 써서 교정할 수 있습니다.

● **난시 :** 각막이나 수정체의 표면이 고르지 못하여 물체가 겹쳐 보이거나 흐리게 보이는 눈입니다. 특수 렌즈로 된 안경을 써서 교정할 수 있습니다.

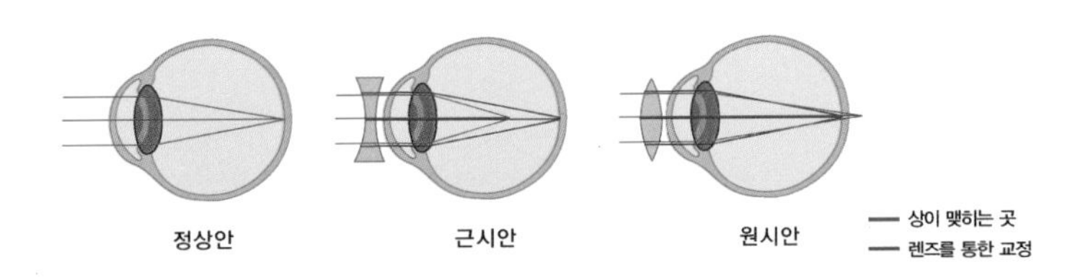

근시, 원시의 교정

◆◆ 우리 몸의 귀는 어떻게 생겼을까?

우리 몸의 귀는 다음과 같이 외이, 중이, 내이 등 세 구조로 되어 있습니다.

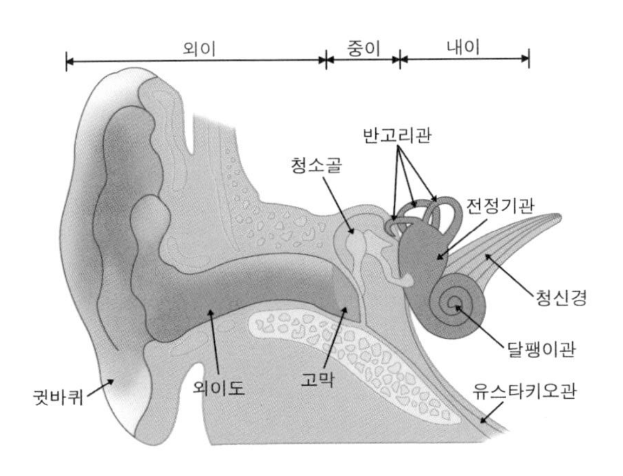

귀의 구조

● **귓바퀴** : 음파(소리)를 모아 줍니다.

● **귓구멍** : 음파가 들어가는 입구입니다.

● **외이도** : 음파가 지나가는 통로로, 작은 털들이 많이 나 있어 먼지나 불순물을 걸러 냅니다.

● **고막** : 음파에 의하여 진동하는 얇은 막입니다.

● **청소골** : 고막의 진동을 증폭하여 달팽이관에 전달합니다.

● **유스타키오관** : 기압을 일정하게 조절하여 고막을 보호합니다.

● **달팽이관** : 달팽이 모양의 관으로, 소리를 느끼는 청세포가 있습니다.

● **전정기관** : 청각과는 관계가 없고, 중력의 자극을 받아들여 몸이 기울어지는 것을 느낍니다.

● **반고리관** : 3개의 고리 모양의 관으로, 몸의 회전을 느낍니다.

◆◆ 귀의 작용

소리가 귀에 들어오면 고막이 진동하고, 이 진동은 청소골을 지나 달팽이관으로 전달되지요. 달팽이관의 아래 부분에는 소리를 느끼는 감각세포인 청세포가 있어요. 청세포의 표면에는 섬모가 많이 나 있는데, 이것은 달팽이관 속의 림프액에 뻗어 있답니다. 소리의 진동 때문에 림프액이 움직이면서 섬모를 흔들면 섬모의 흔들림이 청세포를 자극하여 소리를 느끼게 하는 것이죠. 청세포가 느낀 자극은 청신경에 의해 대뇌로 전달되어 소리가 주는 정보를 판단한답니다.

또한 사람의 귀는 〈생활 속 과학 이야기 2〉에서 설명한 것처럼 평

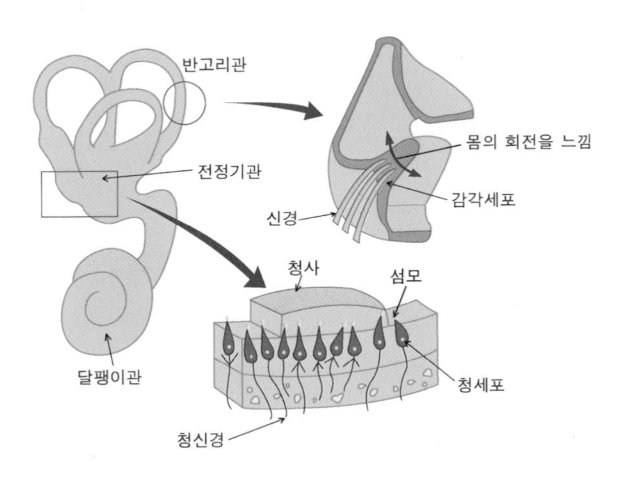

전정기관과 반고리관

형감각을 느끼는데, 중력이 자극의 원인이 되어 일어나는 감각으로, 내이에 있는 전정기관과 반고리관에서 담당합니다. 평형감각은 다른 감각과는 달리 자극이 소뇌로 전달되며, 소뇌에서는 몸의 균형을 조절합니다.

미리 만나보는 과학논술

시각과 청각에 관한 서술형 문제

색맹이란 색깔을 구별하지 못하는 질환으로 대부분 선천적이다. 운전면허시험을 보거나 군대에 입대할 때도 색맹인지 아닌지를 검사받는데, 색맹은 무엇에 이상이 생겨서 생기는 것일까?

우리 눈의 망막에는 색을 구별하는 시세포인 원추세포와 명암을 구별하는 시세포인 간상세포가 있는데, 그중 색을 구별하는 원추세포에 이상이 생긴 경우 색맹이 된다. 색 전체를 구분하지 못하는 '전색맹'과 일부 색깔만을 구별하지 못하는 '부분색맹'으로 나뉘는데, 특히 빨간색과 녹색을 구별하지 못하는 '적록색맹'이 많이 알려져 있다.

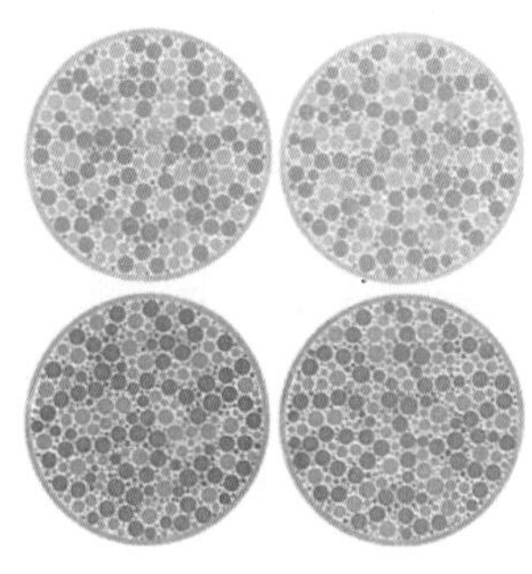
색맹검사표

비행기가 이륙하고 착륙할 때, 또는 고속 엘리베이터를 탈 때면 귀가 막힌 것 같은 느낌이 난다. 이렇듯 귀가 멍해지는 이유는 무엇일까?

중이와 외부의 기압 차이 때문에 고막이 바깥쪽으로 휘어져 나타나는 현상이다. 심하면 소리가 잘 안 들리기도 한다. 이때 침을 삼키거나 하품을 하면 귀가 뚫리는 느낌이 나는데, 이것은 목구멍과 중이를 연결하는 유스타키오관을 통해 공기가 중이로 들어가 외부와 압력이 같아져서 고막이 제 모습을 찾기 때문이다.

▶▶ 중학교 2학년 **자극과 반응 : 자극의 감각(후각 · 미각 · 촉각)**

코, 혀, 피부는 어떤 감각을 느낄까요?

만약에! : 냄새는 음식의 맛을 느끼는 데도 한 몫을 한답니다. 코를 막고 음식을 먹는다면 음식의 미세한 맛을 느낄 수 없지요. 만약에! 피부에 고춧가루를 바르면 따갑게 느껴지는 데 그것은 촉각이나 미각이 아니라 통각이 느껴지기 때문이랍니다.

생활 속 과학 이야기 1

감기에 걸리면 왜 맛을 잘 느끼지 못하나요?

겨울뿐만 아니라 계절이 바뀌는 시기면 어김없이 찾아오는 불청객이 있지요. 바로 감기입니다. 감기에 걸렸을 땐 기침이 나오고, 콧물도 흐르고, 머리와 목도 아파서 불편한 점이 한두 가지가 아니에요. 특히 코가 막혀 냄새를 전혀 못 맡기도 하는데, 이때는 음식을 먹어도 예전과 같은 맛이 나지 않지요.

그런데 코가 막힌다고 해서 맛을 제대로 느끼지 못하는 까닭은 무엇일까요? 그것은 냄새를 느끼는 감각 중추와 맛을 느끼는 감각 중추가 모두 같은 대뇌이기 때문이에요. 그렇다면 코와 혀의 감각 기능에 대해 알아볼까요?

콧속의 천장에는 냄새를 감각하는 후세포가 있습니다. 공기 속에 포함된 기체 상태의 냄새 물질이 코로 들어오면 이 후세포가 자극을 받아 흥분하

고, 이 흥분이 신경을 통해 대뇌에 전달되어 냄새를 느끼게 되는 것이죠. 그리고 혀의 표면에는 유두라는 작은 돌기가 빽빽하게 나 있어요. 유두 옆에는 맛을 느끼는 미세포인 미뢰가 있고요. 입에 들어온 음식물이 침과 섞여 미뢰를 자극하면 여기에 연결된 신경을 통해 자극이 대뇌에 전달되는 것입니다. 그런데 앞에서 설명했듯이 음식의 맛은 미각과 후각으로 전달된 맛과 냄새를 대뇌에서 종합하여 느끼게 됩니다. 실제로 음식의 맛을 느끼는 데 3분의 2 이상은 후각에 의한 것으로 알려져 있어요. 그래서 콧물이 나면 음식 냄새를 전달하는 기체 상태의 물질이 후세포에 도달하기 어려워 냄새를 느낄 수 없게 되고, 대뇌는 미각에 의한 자극만 받게 되므로 음식의 맛을 잘 느낄 수 없는 것이랍니다.

생활 속 과학 이야기 2

너무 차가우면 왜 아프게 느껴질까요?

여름밤 야외에서 시원하게 불어오는 바람을 쐬는 것은 무더위에 지친 몸에 활력소가 됩니다. 피부 감각이 발달한 동물들은 바람의 방향이나 습도와 온도를 느껴서 날씨를 예견하기도 한답니다.

그렇다면 동물들은 피부 감각으로 어떻게 바람의 방향을 알아낼 수 있는 것일까요? 피부에 나 있는 털이 피부 주변 공기의 흐름에 따라 움직이면 피부 속의 감각점이 자극되어 바람의 방향을 느낄 수 있는 것이랍니다. 피부는 겉 부분인 표피와 속 부분인 진피로 구분되는데, 진피에 차가운 것을 느끼는 냉점, 따뜻한 것을 느끼는 온점, 아픈 것을 느끼는 통점, 누르는 것을 느끼는 압점, 접촉을 느끼는 촉각점 등의 감각점들이 분포하고 있어요. 각각의 감각점은 적합한 자극에 의해 흥분되며 이 흥분이 신경에 의해 대뇌로 전달되어 피부에 닿는 물체나 피부 주위의 상태변화를 복합적으로 감각할 수 있게 되는 것입니다.

그런데 몸의 부위에 따라 분포되어 있는 감각점들의 수가 다르기는 하지만 전체적으로 통점의 수가 온점이나 냉점보다 훨씬 많다고 합니다. 그리고 어떤 자극도 몸에 해를 끼칠 만큼 자극이 세지면 통증으로 느껴진다고 하네요. 이 때문에 뜨거운 그릇이나 드라이아이스처럼 매우 뜨겁거나 차가운 것을 만졌을 때, 뜨거움이나 차가움을 느낄 틈도 없이 통증이 느껴지는 것이랍니다.

완소 강의

우리 몸의 감각기관 - 코·혀·피부

◆◆ 우리 몸의 코는 어떻게 생겼을까?

우리 몸의 코는 기체 상태의 화학 물질을 감각하는 기관으로, 후각상피와 후세포로 나눕니다. 후각상피는 콧속의 천장 부분에 있으며, 많은 후세포가 분포하지요. 또한 후각상피는 점액으로 덮여 있어서 공기 중의 화학 물질이 잘 녹아 들어가게 합니다. 후세포는 그림처럼 긴 막대 모양으로 끝에 섬모가 나 있고, 반대쪽은 후신경과 연결되어 있습니다. 냄새는 후신경을 통해 대뇌로 전달되어 느끼게 되지요.

이러한 후각은 우리 몸에서 가장 예민한 감각이지만, 또 가장 쉽게

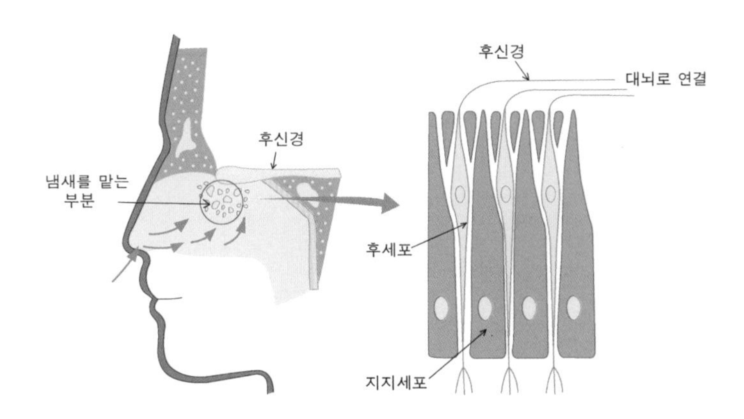

코의 구조와 후세포

피로를 느끼는 기관이기도 해요. 같은 냄새의 자극이 계속 되면 얼마 뒤에는 그 냄새를 느끼지 못하게 된답니다.

◆◆ 우리 몸의 혀는 어떻게 생겼을까?

우리 몸의 혀는 액체 상태의 화학 물질을 감각하는 기관으로 유두, 미뢰, 미세포 등으로 구성되어 있습니다. 유두는 혀의 표면에 좁쌀 모양으로 나 있는 돌기로, 맛을 느끼는 미뢰가 들어 있지요. 미뢰는 맛을 느끼는 미세포와 이를 지탱하는 지지세포로 이루어져 있는데, 미세포는 미신경과 연결되어 있고, 미신경은 대뇌로 이어집니다.

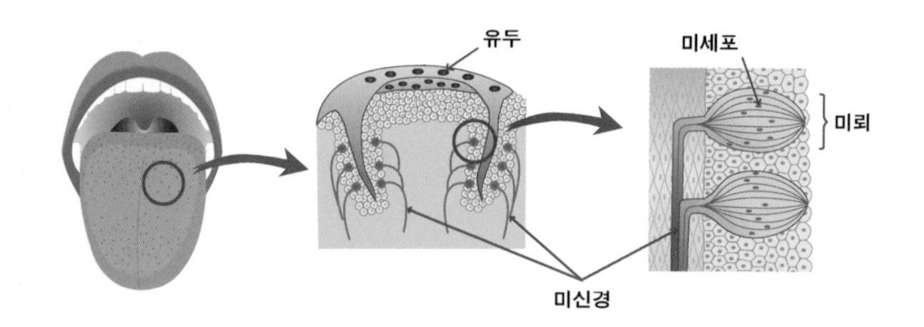

혀의 구조와 미세포

사람의 혀가 기본적으로 느끼는 맛은 쓴맛, 단맛, 신맛, 짠맛의 4가지인데, 혀의 위치에 따라서 각기 느끼는 맛이 다르답니다. 쓴맛은 혀의 안쪽에서, 단맛은 혀끝에서, 신맛은 혀의 양쪽 가장자리에서,

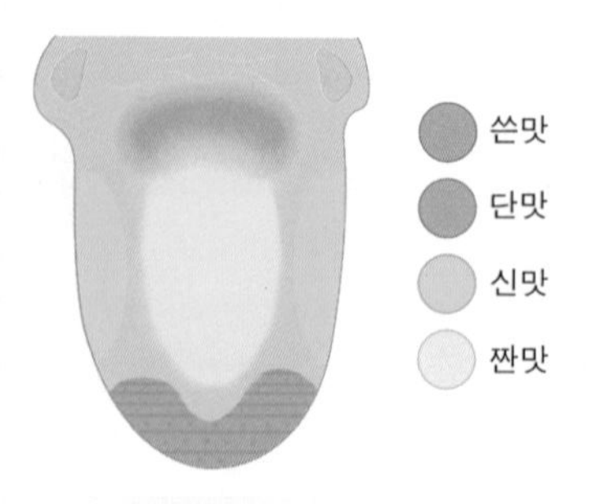

짠맛은 혀의 전체에서 느낍니다.

◆◆ 우리 몸의 피부는 어떻게 생겼을까?

우리 몸의 피부는 외부에서 주어지는 기계적 자극이나 온도 자극을 받아들이며 몸을 보호하고 생화학적 기능을 하는 기관으로, 표피와 진피로 이루어져 있습니다.

표피는 내부를 보호하고 수분의 증발을 방지하며, 땀구멍이 열려 있어 땀을 배출합니다. 생명이 없는 부분으로 항상 새로이 만들어지죠.

반면, 진피는 표피 밑에 있는 세포로 물질대사가 일어나며, 통점, 압점, 냉점, 온점 등의 감각점들과 모세혈관, 신경, 땀샘 등이 분포하고 있습니다. 감각점은 특히 손끝이나 입술, 목 등 예민한 부분에 많은데, 몸 전체를 볼 때 통점이 가장 많고 그 다음에 압점, 냉점, 온점의 순서로 분포되어 있답니다.

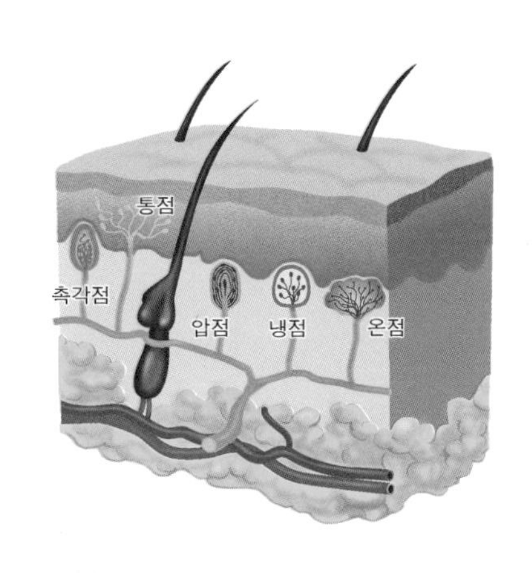

피부의 구조와 감각점

몸 표면 1cm²당 통점 100~200개, 압점 100개, 촉각점 25개, 냉점 6~23개, 온점 0~3개

미리 만나보는 과학논술

코·혀·피부에 관한 서술형 문제

우리의 혀는 네 가지의 기본 맛만 느낀다고 하는데, 고소한 맛, 느끼한 맛, 매운 맛, 아린 맛, 떫은 맛 등의 다양한 맛은 어떻게 느끼는 걸까?

음식의 맛은 미각뿐만 아니라 다른 감각의 자극을 대뇌에서 종합하여 감각한다. 고소한 맛이나 느끼한 맛은 미각과 더불어 후각의 자극을 받아들인 대뇌가 감각하는 맛으로, 코를 막고 먹으면 이런 맛을 느끼기 힘들다. 한편, 매운 맛, 아린 맛, 떫은 맛 등은 음식 속의 화학물질들로 인한 입 안의 피부감각, 특히 통점이나 압점의 감각으로 느껴지는 것이다.

점자란 시각 장애인이 읽을 수 있도록 튀어나온 점으로 표시한 문자이다. 그렇다면 시각 장애인이 점자를 읽는 원리는 무엇일까?

시각 장애인은 시각을 잃어버린 대신 피부감각을 비롯한 다른 감각이 비장애인에 비해 발달하였다. 점자를 손가락 끝의 피부감각을 이용해서 읽는데, 주로 압점이 자극을 받아 대뇌에서 글자로 인식하는 것으로 알려져 있다.

개의 코가 항상 젖어 있는 이유와 개가 킁킁거리고 냄새를 맡는 이유는 무엇일까?

개의 경우 다른 감각에 비해 후각에 대한 의존도가 높다. 그런데 공기 중의 냄새 물질들은 습기에 더 잘 흡착하기 때문에 더 많은 냄새를 맡을 수 있도록 개의 코는 늘 젖어 있게 된 것이다. 또한 개가 코를 킁킁거리는 이유는 코 주변의 냄새 물질을 좀 더 빨리 후세포로 이동시키기 위해서이다.

물에 설탕을 아주 조금만 넣어 녹인 후 맛을 보면 단맛을 잘 느낄 수 없다. 또한 단맛이 강한 사탕을 먹고 난 바로 다음에 과일을 먹으면 과일의 단맛도 잘 못 느끼게 되는데, 그 까닭은 무엇일까?

우리 몸의 감각기관은 자극의 세기가 약하면 잘 느끼지 못한다. 그 이유는 감각세포가 흥분되지 않기 때문이다. 따라서 반응이 일어나기 위해서는 자극의 세기가 어느 정도 이상이 되어야 한다. 설탕을 아주 조금 넣은 물에서 단맛을 느낄 수 없는 것도 그런 이유에서이다. 이처럼 반응을 일으키는 데 필요한 최소한의 자극의 세기를 '역치'라고 한다. 역치는 감각세포의 종류에 따라 다르며 역치가 작을수록 예민한 감각기관이라고 할 수 있다.

또한 처음의 자극이 약할 때에는 다음 자극의 세기가 조금만 달라져도 그 변화를 느낄 수 있지만 처음 자극이 강할 때에는 다음 자극이 훨씬 커져야 자극의 변화를 느낄 수 있다. 할아버지나 할머니들이 아이들보다 음식을 짜게 먹는 이유도 이 때문이다. 나이가 들수록 짠맛을 느끼는 혀의 감각세포가 무뎌지기 때문이다. 따라서 짠맛을 제대로 느끼기 위해서는 좀 더 강한 짠맛의 자극이 필요한 것이다. 단맛이 강한 사탕을 먹고 과일을 먹으면 과일 맛이 싱겁게 느껴지는 것도 이런 이유에서이다.

▶▶ 중학교 2학년 **자극과 반응 : 자극의 전달과 신경계**

신경계는 어떻게 자극을 전달할까요?

만약에! : 우리 몸에 자극이 오면 어떤 전달 과정을 통해 뇌가 인식하고 또 어떻게 그 상황을 처리할까요? 그것은 바로 우리 몸의 신경세포인 뉴런을 통해 전달되며, 자극을 전달받은 뇌는 운동뉴런을 통해 반응하도록 운동기관에 명령합니다. 만약에! 우리 몸의 감각신경이 손상됐다면 아무리 발바닥을 만져도 간지럽지 않겠지요?

생활 속 과학 이야기 1

골키퍼의 몸속에선 어떤 일이 벌어질까요?

축구 대회에서 90분의 전 · 후반 경기와 30분의 연장전을 모두 뛰고도 승부가 나지 않으면 승부차기를 하게 됩니다. 승부차기를 할 때는 그야말로 손에 땀을 쥐게 하는 상황들이 연출되곤 하는데요. 공을 차는 선수에 대한 응원도 대단하지만 그 공을 막는 골키퍼에 대한 응원도 만만치 않지요.

재빠르게 공을 막고 있는 골키퍼

승부차기에서는 골키퍼의 본능에 가까운 수비가 승패를 좌우하니까요. 이때 공을 막아내기까지 골키퍼의 몸속에서는 어떠한 일들이 일어날까요? 이를 알아보기 위해 우리 몸에서 일어나는 자극의 전달 과정과 이를

맡고 있는 신경계에 대해 간단히 알아봅시다.

우리 몸에서 신경계는 가늘고 긴 신경세포 인 '뉴런'을 기본으로 구성되어 있어요. 감각기관이 받아들인 자극을 뇌에 전달하고 다시 뇌의 명령을 운동기관에 전달해서 반응이 일어날 수 있도록 하지요.

뉴런은 기능에 따라 감각뉴런, 운동뉴런, 연합뉴런으로 구분되며, 이들은 각각 감각신경, 운동신경, 연합신경을 구성합니다.

그럼 이제 승부차기를 막는 골키퍼의 몸속에서 어떤 일이 일어나는지 알아볼까요? 상대팀 선수가 찬 공을 눈으로 본 시각 자극이 감각신경을 따라 뇌에 전달되면 뇌의 연합신경은 전달된 자극을 이용하여 공의 방향과 높이를 예상한 후 다리나 손에 있는 운동신경을 통해 명령을 전달하여 날아오는 공을 막기 위해 몸을 재빨리 움직이죠. 이것이 본능처럼 공을 막는 골키퍼의 몸속에서 일어나는 신경계의 반응입니다.

생활 속 과학 이야기 2

뇌사와 식물인간은 어떻게 다른 걸까요?

영화나 드라마에서 환자가 뇌사 판정을 받는 장면이 가끔 나옵니다. 다시 살아날 가능성이 없으니 마음의 준비를 하라는 의사의 이야기에 가족들은 깨어날 수도 있지 않느냐고 울면서 묻습니다. 하지만 의사는 식물인간과 뇌사 상태는 전혀 다른 것이라고 이야기하지요. 그렇다면 뇌사와 식물인간 상태는 어떻게 다른 것이기에 의사는 마음의 준비를 하라고 말하는 것일까요?

뇌사와 식물인간 상태를 구분하려면 먼저 사람의 중추신경계를 이해해야 합니다. 사람의 중추신경계는 뇌와 척수로 되어 있는데, 뇌는 한 종류가 아니라 대뇌, 간뇌, 중뇌, 소뇌, 연수로 구분됩니다.

대뇌는 정신 활동의 중추로 표면에 주름이 많이 있으며, 좌우 두 개의 반구로 나누어져 있는데, 우뇌는 몸의 왼쪽, 좌뇌는 몸의 오른쪽을 조절합니다. 간뇌는 대뇌와 중뇌 사이에 있으며, 체온과 물질 대사를 조절합니다. 또한 중뇌는 눈동자의 운동과 홍채의 작용을 조절하고, 소뇌는 근육 운동을 조절하여 몸의 균형을 유지합니다. 연수는 생명 유지에 직접 연결되는 폐, 심장, 위, 장 등의 작용을 조절하는 중추로, 침과 눈물의 분비, 재채기와 같은 무의식적으로 일어나는 운동을 조절합니다. 이 부분은 〈완소강의〉에서 한 번 더 알아보기로 해요.

그런데 뇌사 상태에 있는 사람은 앞에서 말한 대뇌를 중심으로 전체 뇌의 기능이 상실된 사람으로서 스스로 심장박동이나 호흡을 할 수 없어 외부의 의학 장비에 의해 목숨을 유지합니다. 결국에는 수 주 안에 생명을 잃게 되지요.

반면, 식물인간 상태는 대뇌피질의 손상으로 감각을 못 느끼고 운동을 하지 못하나 생명유지에 필요한 연수나 간뇌, 중뇌 등의 뇌간이 정상적으로 활동을 합니다. 그렇기 때문에 영양 공급만 해주면 스스로 생명을 유지할 수 있고, 실제로 이 상태에서 회복하는 사람들도 있습니다.

뇌간
다른 말로 '뇌줄기'라고도 한다. 뇌에서 대뇌 및 소뇌를 제외한 나머지 부분으로 간뇌, 연수, 중뇌 등으로 구성되어 있다. 위쪽으로는 소뇌, 아래쪽으로는 척수로 연결된다.

완소 강의

우리 몸의 신경계

◆◆ 우리 몸의 신경계는 어떻게 생겼을까?

신경계는 우리 몸에서 감각기관이 받아들인 자극을 뇌나 척수에 전달하고, 그에 알맞은 명령을 각 운동기관에 내려 몸의 여러 가지 기능을 조절하는 일을 합니다.

뉴런의 구조

우리 몸의 신경계는 다음 그림과 같이 신경세포체, 축색돌기, 수상돌기로 이루어진 뉴런으로 구성되어 있습니다.

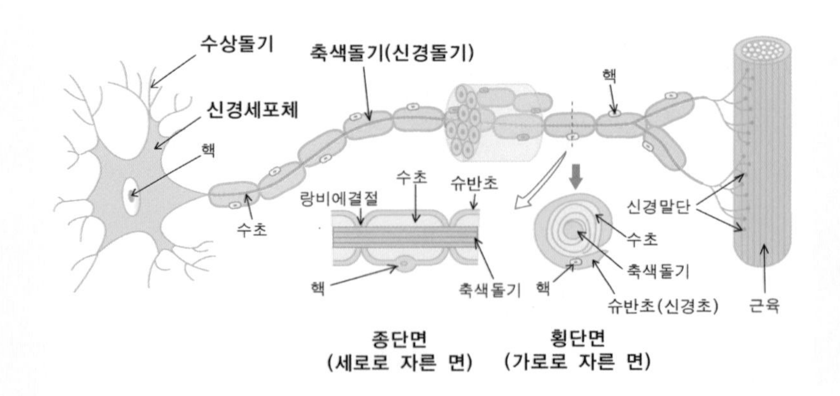

뉴런의 구조

- **신경세포체 :** 별 모양의 세포로 핵과 세포질로 되어 있으며, 많은 돌기가 있습니다.
- **수상돌기 :** 수가 많고 길이가 짧으며 다른 뉴런과 연결되어 있어 자극을 받아들입니다. 자극은 수상돌기에서 축색돌기 쪽으로 전달됩니다.
- **축색돌기 :** 자극을 다른 뉴런이나 반응기로 전달합니다.

뉴런의 종류와 기능

뉴런은 감각기관에서 받은 자극을 중추신경(뇌, 척수)으로 전달하는 감각뉴런, 중추신경의 명령을 반응기관(근육, 분비샘)으로 전달하는 운동뉴런, 감각뉴런과 운동뉴런을 연결하는 연합뉴런으로 이루어져 있습니다.

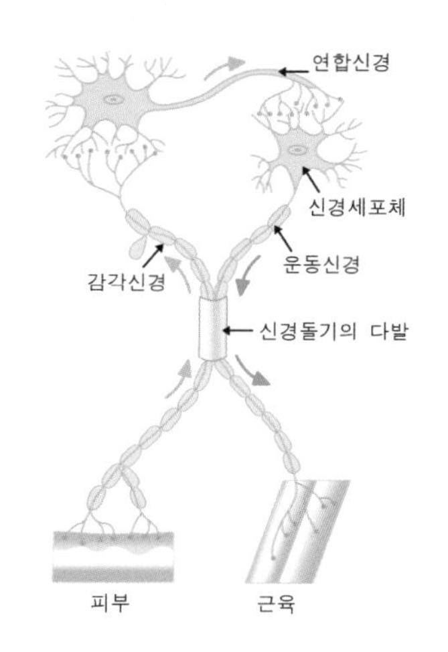

뉴런의 연결

또한, 뉴런과 뉴런은 시냅스로 연결되어 있어서 한 뉴런의 흥분은 시냅스를 통하여 다른 뉴런의 수상돌기로 전달된답니다.

◆◆ 우리 몸의 뇌는 어떻게 생겼을까?

뇌는 사람 몸에서 가장 중요한 중추신경계로 하는 일은 다음과 같습니다.

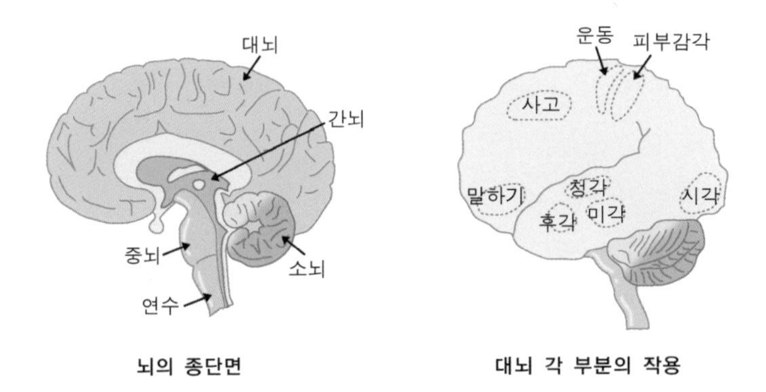

뇌의 구조

- **대뇌 :** 좌우 두 개의 반구(좌뇌 · 우뇌)로 나누어지고, 사고 · 판단 · 추리 · 기억 · 계산 · 언어 등의 고등 정신작용을 하며, 근육에 명령을 내리는 일을 합니다.
- **소뇌 :** 대뇌의 뒤쪽 아래에 위치하며, 몸의 균형을 유지하고 근육 운동을 조절합니다.
- **간뇌 :** 체온과 물질 대사를 조절합니다.
- **중뇌 :** 눈동자의 운동과 홍채의 작용을 조절합니다.
- **연수 :** 호흡 · 순환 · 배설 등 생명 유지와 관계가 있는 주요 내장의 기능을 조절하며, 눈물과 침 분비, 재채기와 같은 무조건반사를 담당합니다.

◆◆ 척수의 기능

척수는 원기둥 모양으로 척추 속에 들어 있습니다. 척수에서는 31쌍의 척수신경이 좌우로 뻗어 나와 온몸의 뼈, 혈관, 근육, 내장, 피

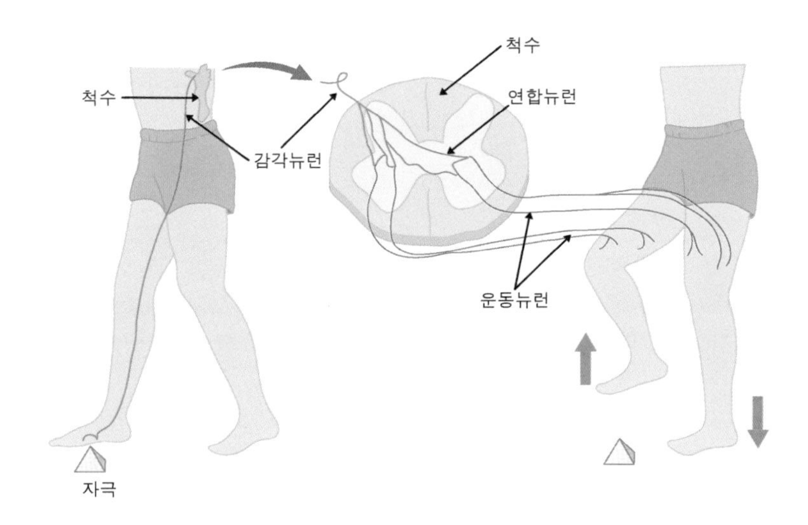

척수반사의 경로

부 등에 분포합니다. 이렇게 뻗어 나온 척수는 감각신경의 자극을 뇌에 전달하고 뇌의 명령을 운동신경에 전달하는 통로가 된답니다. 또한 젖 분비, 땀 분비, 배변, 배뇨, 무릎반사와 같은 무조건반사를 담당합니다.

자극의 전달과 신경계에 관한 서술형 문제

치과에서 치료를 받을 때 시술 부위에 마취를 하면 통증을 느끼지 못한다. 통증을 느끼지 못하게 하는 마취의 원리는 무엇일까?

피부에는 수많은 통점이 있기 때문에 치료를 받을 때 마취를 하지 않으면 큰 통증을 느끼게 된다. 마취를 시키는 약들은 주로 신경세포들의 자극 전달을 막는 방법을 이용한다. 감각기관이 받은 자극이 대뇌에 전달되지 않게 하여 통증을 느낄 수 없게 하는 것이다.

사람을 비롯한 동물의 감각기관이 주로 머리에 모여 있는 까닭은 무엇일까?

동물이 이동하는 방향인 앞쪽의 신체가 외부 자극을 더 많이 받기 때문에 뉴런으로 구성된 신경세포가 주로 앞으로 모여 감각세포를 이루게 된 것이다. 그래서 동물은 돌아다니는 데 불편함이 없고, 먹이가 어디에 있는지 빨리 알 수 있다. 이렇게 앞으로 모이기 시작한 신경세포들은 점점 발전하여 눈, 귀, 더듬이 그리고 뇌로 진화하게 되었다.

교통사고를 당해 대뇌의 오른쪽을 다쳤을 때, 왼손이나 왼쪽 다리를 쓰지 못하는 이유는 무엇일까?

오른쪽 대뇌를 우뇌(우반구), 왼쪽 대뇌를 좌뇌(좌반구)라 하는데, 우뇌는 우리 몸의 왼쪽 부분을 관리하고, 좌뇌는 우리 몸의 오른쪽 부분을 관리한다. 그러므로 교통사고를 당해 대뇌의 우반구를 다친다면 왼손, 왼쪽 다리를 못 쓰게 될 수 있다.

1791년 이탈리아의 해부학자 갈바니는 개구리 해부 실험 도중에 개구리 다리가 전기 불꽃이나 금속성 칼에 반응하여 경련을 일으키는 것을 발견하고, 동물체 안에 전기가 있다는 결론을 내렸다. 사람들은 이를 두고 '동물전기'의 발견이라고 했는데, 나중에 볼타에 의해 '동물전기'는 없다는 것이 증명되었다. 그렇다면 전기 불꽃이 발생했을 때 개구리의 다리가 움직인 까닭은 무엇일까?

동물이나 사람의 몸에서 감각세포가 감각을 느끼고 이를 대뇌나 척수로 전달하는 과정은 일종의 전기적인 변화에 의해서 일어난다. 뉴런이 자극을 받으면 세포막을 경계로 바깥쪽은 (−) 전기를 띠고 안쪽은 (+) 전기를 띠면서 전압의 차이를 발생시켜 이것이 자극이 되어 흥분이 전달되는 것이다.

갈바니의 동물전기 실험

개구리의 다리가 경련을 일으킨 것도 같은 이유에서였다. 전기 불꽃을 일으켰을 때 전기적인 자극이 개구리의 몸에 전달되고, 이것이 개구리의 감각세포를 흥분시켜 척수에 전달되어 무조건반사를 일으켜 다리가 움직인 것이다.

▶▶ 중학교 2학년 **자극과 반응 : 반사반응과 약물 오남용**

우리 몸은 외부 자극에 어떻게 반응할까요?

만약에! : 감기에만 걸려도 병원으로 조르르 달려가고, 조금만 소화가 안 되도 소화제를 먹고, 조금만 머리가 아파도 진통제를 먹는다면 나중엔 크게 후회할 거예요. 그것은 약에 내성이 있기 때문이죠. 만약에! 아무렇게나 약물을 복용하고 사용한다면 우리 몸에는 어떤 일이 벌어질까요?

생활 속 과학 이야기 1

오렌지를 보면 왜 침이 고일까요?

입 안에 맛있는 음식이 들어가면 바로 침이 고이고, 기관지에 이물질이 들어가면 그 즉시 재채기를 합니다. 또 눈앞으로 공이 날아오면 본능적으로 눈을 감고, 뜨거운 물에 손을 넣었을 때는 화들짝 놀라며 손을 빼기도 합니다. 이처럼 우리가 무의식적으로 하는 반응들은 어떤 원리에 의해 나타나는 것일까요?

앞에서 말한 것과 같이 외부 자극에 대하여 빠르게 반응이 나타나는 행동을 '무조건반사' 라고 하는데, 이 자극은 대뇌까지 전달되지 않고, 척수나 연수 그리고 중뇌 등에서 운동신경의 반응이 일어나도록 직접 명령하기 때문에 나타나는 반응입니다. 무조건반사는 감각신경의 자극이 대뇌까지 전달되고 대뇌의 명령을 운동신경을 통해 운동기관까지 전달되는 시간을 줄여 주어 위험한 상황에서 빠르게 반응하게 함으로써 우리 몸을 지켜

준답니다. 즉 뜨거운 물에 손을 넣으면 피부의 감각신경이 온도의 자극을 척수에 전달하지만, 척수가 이 자극을 대뇌로 전달하지 않고 바로 운동신경에 명령을 내려서 손을 뜨거운 물에서 빼도록 합니다. 이렇게 과정을 줄여 빠르게 반응하기 때문에 화상의 위험에서 벗어날 수 있는 것입니다.

한편, 과거의 경험과 관계없이 일어나는 무조건반사와 달리 과거의 경험에 의해서 일어나는 반사도 있습니다. 이를 '조건반사' 라고 하지요. 예를 들어 귤이나 오렌지와 같은 과일을 생각하면 입 안에서 침이 나오는데, 이는 과거에 귤이나 오렌지를 먹어 본 경험 때문에 일어나는 반응이랍니다. 이러한 조건반사에는 대뇌가 관계한답니다. 더욱 자세한 내용은 〈완소강의〉에서 같이 알아봅시다.

생활 속 과학 이야기 2

약물 오남용이 미치는 영향은 무엇일까요?

아편전쟁이란 말을 들어 보았나요? 영국과 중국 청나라 사이에서 일어난 전쟁을 말한답니다. 영국은 19세기 초 청나라와 무역하면서 적자를 없애고자 아편을 수출했어요. 아편은 마약의 일종인데, 당시 청나라에서는 여러 번의 아편금지령이 내려졌음에도 중독자가 늘어만 가 폐해가 컸답니다. 또한 비싼 아편 값 때문에 경제적으로도 어려워졌지요. 결국 영국과 청나라 사이에는 아편 무역을 두고 갈등이 깊어져 전쟁까지 하게 되었답니다. 그래서 이 전쟁을 아편전쟁이라 부르는 거예요. 이 전쟁에서 패한 청나라는 국력이 급속도로 약해져 결국 패망하게 됩니다. 19세기 청나라 때의 아편 오남용처럼 몸에 영향을 주는 물질을 의학적 목적이 아닌 다른 목적으로 사용하는 것을 '약물 오남용' 이라고 하는데, 청나라는 약물 오남용으로 망한 나라인 셈이에요.

아편전쟁을 표현한 그림

약물이란 소화가 안 될 때 소화될 수 있게 도와주는 소화제와 같이 우리 몸에 들어와 영향을 주는 물질을 뜻합니다. 이러한 약물 중 의학적인 목적으로 사용되어 질병의 예방과 치료에 사용되는 것을 의약품이라고 하는데, 이 의약품은 의사나 약사의 정확한 처방으로 사용되어야 한답니다.

그러나 의약품의 용도를 잘못 알고 다른 곳에 사용하거나 너무 많은 양을 사용하면 심한 경우 목숨을 잃을 만큼 위험합니다. 또한 이러한 약물을 지속적으로 사용하는 경우, 약물에 대한 인체의 반응을 변화시켜 내성이 생기게 됩니다. 내성이 생기면 나중에는 약물의 양을 늘리고 강도를 세게 해주어야만 효과를 볼 수 있게 되지요.

또한 최근에는 마약이나 대마초, 본드와 같은 '향정신성 약물'이 심각한 사회 문제로 부각되고 있습니다. 이러한 약품은 사람을 환각 상태로 만들어 판단 능력을 상실하게 하고, 충동적이며 공격적인 행동을 초래하기도 합니다. 이를 장기간 복용하게 되면 육체와 정신이 병들 뿐만 아니라 약물 중독이 되어 정상적인 삶을 살 수 없게 된답니다.

내성
약물을 반복해서 복용하여 약효가 떨어지는 현상을 말한다. 예를 들어, A라는 항생제를 계속 복용할 경우 어느 시점이 지나면 세균이 A 항생제에 대해 저항력이 더욱 강해져 더 이상 약효가 생기지 않아 새로운 종류의 항생제를 복용해야만 한다.

완소 강의

몸과 마음을 해치는 약물 오남용

◆◆ 조건반사와 무조건반사

우리 몸은 외부 자극에 두 가지 반응을 보이는데, 조건반사와 무조건반사가 그것입니다. 조건반사는 과거의 경험이 조건이 되어 일어나는 반사로서 대뇌에서 담당합니다. 예를 들면 레몬이나 귤과 같이 신 과일을 머릿속으로 생각만 했는데도 침이 나오는 것이 대표적인 예이지요.

반면, 무조건반사는 대뇌와 관계없이 무의식적으로 일어나는 순간적인 반응으로, 반사를 담당하는 곳은 척수와 연수입니다. 뜨거운 것이 손에 닿았을 때 자신도 모르게 손을 움츠리는 행동이나 무릎에 자극을 주었을 때 발을 들어 올리는 행동은 척수에 의한 무조건반사이고, 기침, 재채기, 구토, 침 분비 등을 하는 것은 연수에 의한 무조건반사입니다.

◆◆ 약물 오남용의 심각성

병을 예방하거나 치료할 목적으로 사용하는 음식 이외의 물질을 '약물' 이라고 합니다. 약물을 잘못 사용하면 '의존성' 과 약효가 잘 듣지 않게 되는 '내성' 이 생기게 되고, 약물의 사용을 중단하면 고통

스러운 금단 현상이 나타납니다.

그렇기 때문에 약물은 전문가인 의사나 약사의 처방에 따라 사용해야 하는 것이랍니다. 이를 지키지 않고 자신 마음대로 사용하는 것을 '오용'이라고 하며, 치료 외의 다른 목적으로 사용하는 것을 '남용'이라고 하는데, 약물을 오용 또는 남용하게 되면 개인과 사회에 심각한 해를 끼치게 됩니다.

약물 오남용의 대표적인 예로 알코올 중독과 흡연, 그리고 마약 중독을 들 수 있습니다. 알코올 중독은 사람의 판단력과 자제력을 잃게 하며, 간, 위, 말초신경, 심장 등의 기능에 이상이 생기게 합니다. 또한 담배는 니코틴과 타르, 일산화탄소 등 약 4,000여 가지의 화학 물질을 함유하고 있습니다. 그래서 담배를 피우면 니코틴으로 인해 혈압과 심장 박동이 증가하고, 타르 때문에 암에 걸릴 수도 있습니다. 그리고 마약은 중추신경을 흥분시키거나 억제하여 환각 현상을 일으킵니다. 이 모든 것은 심각한 습관성과 중독성을 나타낸다는 것이 큰 문제입니다.

의존성
습관성 약물에 대해 심리적으로 의존하게 되는 경향을 말한다. 예를 들어, 흡연자들은 담배를 통해 긴장과 스트레스를 해소하려는 심리적 느낌을 가지는데, 이것은 담배에 의존성을 가지기 때문이다.

미리 만나보는 과학논술

반사반응과 약물 오남용에 관한 서술형 문제

맛있는 햄버거가 내 앞에 있다고 생각해 보자. 햄버거를 먹기 전에 보기만 해도 나오는 침과 햄버거를 먹었을 때 나오는 침의 차이는 무엇일까?

햄버거를 보기만 해도 나오는 침은 과거 햄버거를 먹었던 경험에 의해서 나오는 침인데, 조건반사에 의한 것으로 대뇌가 담당한다. 그러나 햄버거를 먹을 때 나오는 침은 음식물이 입에 들어왔을 때 나오는 무조건반사에 의한 침 분비로, 연수가 담당한다.

올림픽, 아시안게임, 월드컵 등의 경기에서 선수들은 금지 약물을 복용했는지 안 했는지를 알아보기 위해 도핑테스트를 받는다. 이러한 국제 체육대회에서 약물검사를 하는 이유는 무엇일까?

금지 약물들은 대개 신경계에 작용하여 근육의 힘을 세게 해주거나 지구력을 증가시키는 등 경기력 향상에 효과가 있는 약물들이다. 이러한 금지 약물을 복용하고 경기를 하면 복용하지 않은 선수에 비해 유리하기 때문에 도핑테스트를 통해 그런 약물을 복용했는지 검사하여 공정한 경쟁이 되도록 하는 것이다. 또한 이런 약물들은 대부분 중독성이 강하기 때문에 미리 선수들의 약물 중독을 막는 역할도 한다.

요즘 들어 금연 광고도 TV에 많이 나오고, 아래 사진처럼 재미있게 금연을 강조한 표지판들도 많이 보인다. 담배를 피우는 사람들이라면 한 번쯤 금연을 시도해 보는 경우도 많아졌는데, 대부분이 얼마 지나지 않아 포기하기 일쑤이다. 이렇듯 담배를 쉽게 끊지 못하는 이유는 무엇일까?

담배를 끊기가 힘든 이유는 강력한 중독성 때문이다. 담배는 마약보다 중독성이 강하다고 할 정도이다. 담배의 중독성은 담배에 들어 있는 니코틴 때문에 생기는데, 실제로 니코틴은 마약의 일종인 헤로인과 코카인보다 더 중독성이 강하다고 한다.

하지만 니코틴은 헤로인이나 코카인과는 달리 그 피해가 즉시 강력하게 나타나지 않기 때문에 과소평가할 뿐이란 것이다. 사람들은 니코틴이 유발하는 부드러운 도취감을 반복적으로 맛보기 위해 계속 담배를 피우지만 나중에 폐암, 후두암, 설암의 원인이 되는 등 심각한 질병을 가져올 수 있다.

▶▶ 중학교 2학년 **자극과 반응 : 호르몬**

호르몬은 어떤 영향을 미치나요?

만약에! : 호르몬은 체내에서 생성되어 다른 기관이나 조직의 작용을 촉진시키거나 억제하는 작용을 해요. 하지만 환경 호르몬은 생물체의 몸 안에서 정상적으로 생성된 것이 아니랍니다. 만약에! 환경 호르몬이 몸 안에 과다하게 축적되면 어떤 일이 벌어질까요?

생활 속 과학 이야기 1

긴장하면 왜 맥박이 빨라질까요?

시험을 보기 전이나 성적이 발표되기 전처럼 긴장되는 순간에는 떨리는 마음을 느낄 수 있을 거예요. 그밖에도 긴장하면 손이 떨리고 맥박도 빨라지지요. 그렇다면 왜 이런 변화가 일어나는 걸까요?

긴장했을 때 생기는 몸의 변화는 호르몬 때문이에요. 호르몬은 호르몬샘(내분비선)에서 분비되며, 혈액에 의해 온몸으로 운반됩니다. 호르몬에 의한 반응은 신경계에 의해 조절되는 반응보다 대부분 느리게 일어나며 지속적으로 나타납니다. 또 호르몬은 아주 적은 양으로도 생리 작용을 조절하고, 특정 세포나 기관에만 작용하여 효과를 일으키기도 합니다.

이렇듯 긴장했을 때 일어나는 우리 몸의 변화는 스트레스를 받을 때 분비가 촉진되는 호르몬들에 의해 일어난답니다. 이 중 대표적인 것이 부신(콩팥 위에 있는 내분비샘)에서 분비되는 '아드레날린' 인데, 긴장이나 스트레스

상황에서 분비가 촉진되기 때문에 우리 몸의 혈압이 올라가고 맥박도 증가하게 되는 것이죠.

생활 속 과학 이야기 2

우리 몸은 어떻게 일정한 체온을 유지할 수 있을까요?

찜질방에 가면 황토 사우나, 숯 사우나, 소금 사우나 등과 같이 여러 종류의 사우나 실이 있습니다. 이런 사우나 실에 들어가면 실내가 매우 덥고, 조금만 있어도 몸에서 땀이 뻘뻘 난답니다. 실내의 열기 때문에 체온이 올라가기 때문이지요. 그래서 온도계를 보면 어떤 경우에는 100℃에 가까운 온도를 나타내는 것을 보고 깜짝 놀랄 때가 있어요. 하지만 너무 걱정하지 않아도 된답니다. 만약 사우나 실이 물로 가득 차 있다면 100℃라는 온도는 물이 펄펄 끓는 매우 위험한 온도가 되겠지만, 사우나 실은 대부분 공기로 채워져 있어서 그렇게 위험하지는 않답

니다. 하지만 습도가 아주 높을 경우에는 뜨거운 수증기가 호흡기로 들어가 기관지나 폐 등을 손상시킬 수 있으므로 사우나 실에 오래 있는 것은 권장할 일은 아니지요. 한편, 겨울에 얼음을 깨고 냉수마찰을 하는 군인이나 운동선수들을 텔레비전에서 본 적이 있을 거예요. 그 사람들은 동상이나 저체온증에 걸리지 않고 몸이 더 상쾌해졌다고 말하지요? 그런데 찜질방에 있건 냉수마찰을 하건 간에 우리 몸은 일정한 체온을 유지합니다. 어떻게 체온을 일정하게 유지할 수 있는 걸까요?

춥다고 느꼈을 때는 우리 몸의 신경계가 다음과 같이 작용합니다. 피부의 모세혈관을 수축시키고 땀 분비를 억제하여 몸 밖으로 방출되는 열을 감소시키죠. 또한 열을 내게 하는 데에는 호르몬도 그 역할을 톡톡히 합니다. 아드레날린 등의 호르몬이 분비되어 혈액 속의 혈당을 증가시키고, 티록신이라는 호르몬이 분비되어 물질대사가 촉진되면 체내에 열이 발생하게 되는 것이죠. 만약 주변의 기온이 올라가 덥다고 느껴지면 신경계의 작용으로 피부의 모세혈관이 확장되고 땀 분비가 촉진되어 몸 밖으로 열을 방출시킵니다. 또 인슐린이라는 호르몬을 분비하여 혈당량을 줄이고, 티록신의 분비도 줄여 물질대사가 억제되게 합니다. 그렇게 되면 체내에 열이 적게 발생하지요.

이처럼 생물은 외부 환경의 변화에 대처하여 몸속의 환경을 일정하게 유지시키는 성질, 즉 항상성을 지니고 있습니다. 체온 조절뿐만 아니라 혈당량이나 삼투압도 조절하는 등 생물체에서 일어나는 항상성 유지를 위한 조절의 예는 아주 많습니다. 이렇듯 항상성은 신경계와 호르몬의 협조와 조절 작용에 의해 유지되며, 간뇌가 조절을 담당합니다.

완소 강의

우리 몸을 조절하는 호르몬

◆◆ 호르몬은 왜 분비되는 걸까?

사람의 내분비계에는 뇌하수체, 갑상선, 이자, 부신, 생식소 등이 있는데, 이곳에서는 호르몬이 분비되어 사람의 몸을 조절하는 생리적인 역할을 합니다. 호르몬은 자신을 분비하는 내분비샘의 기능을 스스로 촉진시키거나 억제시켜 그 생산량을 자동으로 조절하는데, 외부 환경의 변화에 관계없이 내부 환경을 일정하게 유지하려는 항상성을 가집니다. 다음은 호르몬을 분비하는 각각의 내분비계에 관한 설명입니다.

뇌하수체

간뇌 아래에 있으며 여러 가지 호르몬을 분비합니다. 그 중 잘 알려진 것이 생장 호르몬으로 신체의 생장과 발육을 촉진합니다. 이 호르몬이 부족하면 소인증이 나타나고, 과잉 분비되면 거인증이 나타납니다. 또한 뇌하수체에서 다른 내분비선을 자극

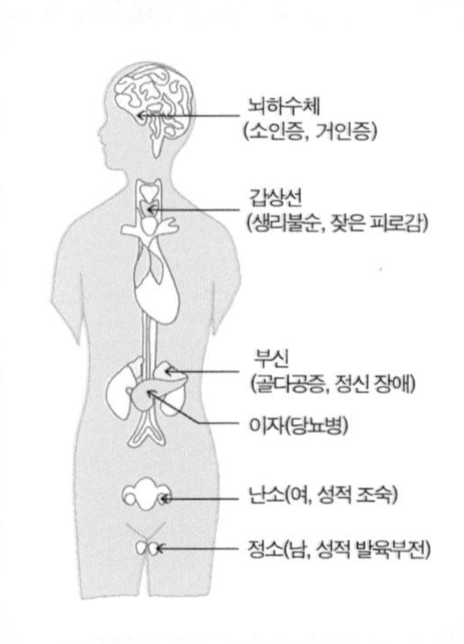

내분비선과 그 장애로 생기는 주요 질병

하는 호르몬을 분비하여 2차적으로 호르몬이 분비되도록 촉진하거나 조절하는 역할도 한답니다.

갑상선과 이자

갑상선은 두 개가 서로 붙어 목의 기관을 감싸고 있습니다. 갑상선에서는 티록신이 분비되는데 주로 체내 물질대사를 촉진합니다. 이자는 인슐린(혈액 속에 혈당이 많을 때 분비)과 글루카곤(혈액 속에 혈당이 적을 때 분비)이라는 호르몬을 생산하여 혈당량을 조절하지요.

부신

양쪽 신장의 윗부분에 붙어 있으며 물질 대사를 조절하는 여러 가지 호르몬을 분비합니다. 그중 아드레날린(에피네프린)은 혈압을 상승시키고, 심장의 박동을 증가시킵니다.

생식기

여성의 난소와 남성의 정소는 각각 난자와 정자를 만드는 생식기관으로 이곳에서 성호르몬이 분비된답니다. 성호르몬의 분비는 생식기관을 발달시키고 남녀의 2차성징을 발현시키지요.

2차성징
태어날 때부터 염색체에 의해 남녀가 결정되는 '1차성징'과는 달리 '2차성징'은 호르몬의 작용에 의해 남성과 여성의 신체적 특징이 두드러지게 나타난다.

미리 만나보는 과학논술

호르몬에 관한 서술형 문제

사춘기 청소년에게 얼굴에 나는 여드름은 큰 고민이 아닐 수 없다. 여드름은 왜 사춘기 때 많이 생기는 것일까?

호르몬의 분비가 중요한 원인이다. 사춘기가 되면 성호르몬이 분비되면서 2차성징이 시작된다. 이때 남성 호르몬인 안드로겐이 분비되면 얼굴의 피지선을 자극한다. 안드로겐에 의해 자극받은 피지선은 많은 양의 피지를 분비하게 되는데, 이때 먼지 같은 이물질이 피지의 분비를 막으면 염증이 생기게 된다. 이것이 여드름이다.

흔히 '키 크는 주사'라고 이야기하는 약물은 뇌하수체에서 분비되는 성장 호르몬을 의약품으로 개발한 것이다. 그런데 성장 호르몬을 약물 투입하는 것에 부작용은 없을까?

성장 호르몬이 충분히 분비되는데도 키가 크지 않는 사람의 경우에 키 크는 주사를 처방한다면 성장 호르몬이 너무 많이 분비되어 손이나 발 등만 커지게 되는 말단부 비대증과 그 밖에 당뇨병, 악성 종양이 발생할 가능성이 높다. 또한 아직 장기적인 안전성이 확실하게 검증되지 않았기 때문에 일반적인 효과에 대해서는 신중하게 생각하여야 한다.

남성 호르몬
남성 호르몬, 여성 호르몬은 남녀 모두에게 분비된다. 그러나 남성은 남성 호르몬의 양이, 여성은 여성 호르몬의 양이 상대적으로 많아 남성과 여성의 특징을 확연하게 하는 것이다.

아래 그림은 환경 호르몬 중 다이옥신의 폐해를 경고하는 포스터이다. 환경 호르몬이란 '외인성 내분비 교란 화학물질'을 쉽게 표현한 말이다. 이것은 생물체에서 정상적으로 생성, 분비되지 않은 물질이 생물체에 흡수되어 호르몬의 정상적인 기능을 방해하거나 혼란시키는 물질을 말한다. 몇 해 전 컵라면 용기에서 환경 호르몬이 검출되었다는 보도가 있었는데, 환경 호르몬은 우리 몸에 어떤 영향을 미칠까?

환경 호르몬은 생물의 생식 기능을 떨어뜨리고, 성장 장애를 일으키고, 기형과 암 등을 유발하는 것으로 알려져 심각한 문제가 되고 있다. 또한 몸속의 호르몬은 항상성 유지를 위해 작용하는데, 환경 호르몬은 항상성과 관계없이 작용한다. 그리고 매우 적은 양으로도 내분비계의 교란을 일으키며 생식 기능에 영향을 주는데, 이러한 생식 기능의 이상은 어른이 되어야 알 수 있기 때문에 환경 호르몬의 폐해는 나중에 알려질 수밖에 없다.

환경 호르몬으로 추정되는 물질은 각종 산업용 물질, 농약, 쓰레기의 소각 시 방출되는 다이옥신과 의약품으로 사용되는 합성 호르몬, 그리고 스티로폼 컵라면 용기를 만드는 데 사용되는 화합물 등 그 종류가 매우 다양하지만 아직도 완전하게 알려지지 않고 있어 문제는 더욱 심각하다.

MILK

제6부
중학교 3학년

생식과 발생

★체세포분열 세포는 어떻게 늘어날까요? ★염색체와 감수분열 생식세포는 왜 감수분열을 할까요? ★무성생식 암수가 없어도 생식이 가능할까요? ★유성생식 암수가 있는 생물은 어떻게 생식할까요? ★사람의 임신과 출산 임신과 출산은 어떻게 진행될까요?

▶▶ 중학교 3학년 **생식과 발생 : 체세포분열**

세포는 어떻게 늘어날까요?

만약에! : 우리 몸이 성장하는 이유는 체세포가 분열을 하기 때문이에요. 식물은 일생 동안 체세포 분열을 하고 생장을 계속하지만 동물은 어느 정도까지만 생장하고 생장을 멈추지요. 만약에! 체세포분열을 통해 생장도 하고 번식도 하는 동물이 있다면 어떤 것들이 있을까요? 같이 알아보고 대답해 보아요.

생활 속 과학 이야기 1

불가사리는 다리를 잘려도 왜 죽지 않을까요?

불가사리는 바닷가 바위나 바다 속에서 사는 동물로 별 모양처럼 생겼습니다. 불가사리는 대단한 식성으로 굴, 조개 등을 먹어 치우기 때문에 양식을 하는 어민들에게 큰 피해를 입히는 동물이기도 해요. 불가사리는 몸의 일부를 잘라도 각각의 부위가 온전한 개체로 재생되어 버리기 때문에 퇴치에도 어려움이 많습니다. 이때 의문점이 하나 생기지요? 불가사리의 잘려진 몸에선 도대체 어떤 일이 일어나는 걸까요?

재생 능력이 뛰어난 불가사리

일반적으로 생물체는 몸의 일부를 상실할 경우, 그 부분의 조직이나 기관을 다시 만들어 원

래 상태로 복구시키는 작용을 하는데, 이것을 '재생'이라고 합니다. 재생 능력은 몸의 구조나 기능이 단순하고, 계통적으로 진화를 많이 하지 않은 것일수록 강하지요. 이러한 동물로는 지렁이나 도롱뇽 등이 있고, 도마뱀의 꼬리, 게나 새우의 집게, 어류의 지느러미 등에서도 쉽게 관찰된답니다. 불가사리도 매우 뛰어난 세포의 재생 능력을 갖고 있습니다. 어느 정도냐 하면 불가사리를 여러 조각으로 절단했을 때 절단된 조각들에서 각각의 불가사리가 생겨납니다.

재생 능력이 이렇게 좋은 것은 이들 생물이 활발한 체세포분열을 하기 때문입니다. 생물이 성장하는 것은 체세포분열에 의해 체세포의 수가 늘어나는 것입니다. 체세포 수의 증가는 불가사리의 재생처럼 없어진 조직이 다시 생기게 하는 데 아주 중요한 역할을 하지요.

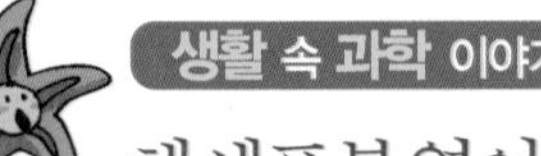

생활 속 과학 이야기 2

체세포분열이 쉬지 않고 일어나면 어떻게 되나요?

종합병원에 가면 암으로 입원한 환자들을 볼 수 있습니다. 암은 정상 세포가 암 세포로 변하여 그 조직을 증식시키면서 시작된다고 알려져 있습니다. 암 세포는 정상 세포와 어떤 점이 다르기에 치료하기 어려운 무서운 암을 발병시키는 것일까요?

우리 몸은 60~100조 개의 세포로 이루어져 있다고 합니다. 이 중에서는 신경세포나 심장의 근육세포와 같이 세포분열을 하지 않는 세포도 있지만 대부분의 세포들은 일정한 수명이 있어 세포분열로 새로운 세포들을 만들어 내지요.

이때 정상 세포는 세포분열을 하다가 세포막이 주변 다른 세포의 세포막과 접촉하게 되면 세포분열을 억제시킵니다. 이처럼 세포가 일정한 통제에 의해 죽어 없어지거나 세포분열을 하여 세포를 늘림으로써 우리 몸의 각 기관은 언제나 똑같은 세포들로 구성되고 고유의 기능을 수행할 수 있는 것이랍니다.

그러나 정상 세포가 어떤 요인에 의해 암 세포로 변하게 되면, 수명이 다해 다른 세포로 교체되어야 할 세포가 교체되지 않을 뿐만 아니라 세포 고유의 기능을 잃고 계속 분열하게 됩니다. 또한 다른 세포의 세포막과 접촉하더라도 세포 분열이 멈춰지지 않아 무한히 증식하게 되어 여러 층의 세포 덩어리가 되지요. 또한 암 세포는 정상 세포들에 비해 세포와 세포 사이의 결합력이 약해 잘 떨어집니다. 이때 떨어진 암

세포가 혈액을 통해 다른 조직에 이동해서 무한 증식을 하는 것을 '암의 전이' 라고 한답니다. 그래서 암이 자주 재발하는 것이지요.

아직 모든 것이 확실히 밝혀지지 않았지만 암 세포가 생기는 원인은 바이러스, 약물, 흡연, 음주, 방사선, 유전적 요인, 물리적 자극 등과 같은 발암물질에 의해 정상 세포의 유전 물질을 변성(모양과 성질에 변화가 있는 것)시키기 때문인 것으로 알려져 있습니다. 일단 암 세포가 생기면 환자의 생명이 끝날 때까지 자라고, 암 세포를 제거하는 수술을 하더라도 다시 재발하거나 암의 전이로 인해서 치료가 쉽지 않습니다. 그래서 무엇보다 생활습관을 개선하는 등 암 세포가 생기지 않도록 예방하는 것이 중요합니다.

완소 강의

우리 몸을 성장시키는 체세포분열

◆◆ 식물과 동물의 체세포는 어떻게 분열할까?

모든 생물의 몸은 세포로 이루어져 있으며, 다세포 생물의 몸 크기는 세포 수에 의하여 결정됩니다. 그러므로 생물의 몸이 크기 위해서는 몸을 이루는 세포, 즉 체세포가 분열해야 합니다. 체세포분열은 아래 그림과 같이 전기, 중기, 후기, 말기의 네 단계로 구별되어 일어난답니다.

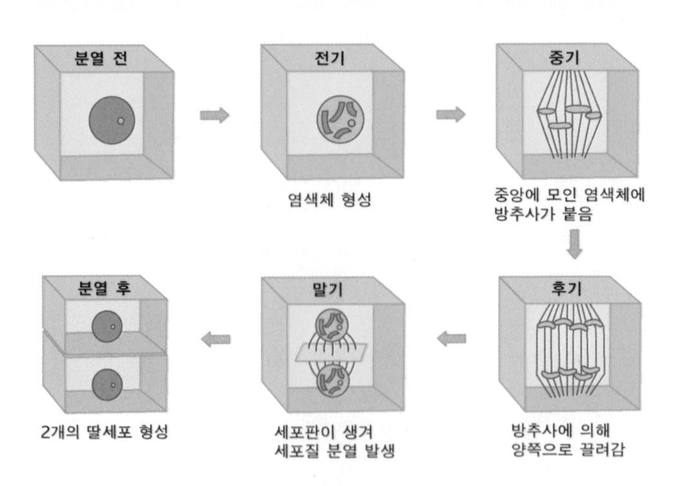

체세포분열의 과정(식물 세포)

식물 세포는 다음 쪽의 그림처럼 세포벽이 세포의 중앙에서 바깥을 향해 만들어지지만 동물 세포는 세포막이 바깥에서부터 중앙을 향해 좁혀져 두 개의 세포로 나누어져 만들어집니다. 이것은 식물 세포와 동물 세포 모두에 해당됩니다. 이렇게 세포분열을 통해 만들어진 두 개의 세포를 '딸세포' 라고 합니다.

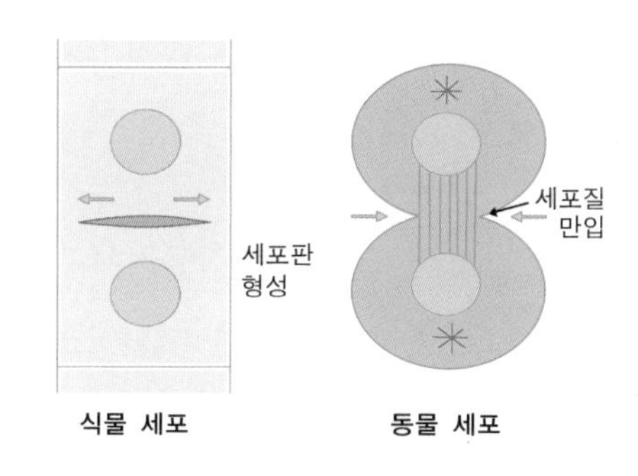

세포질 분열

◆◆ 식물의 생장

식물의 체세포분열은 식물이 살아 있는 일생 동안 계속해서 일어납니다. 그러므로 식물은 죽을 때까지 자란다고 볼 수 있지요. 그런데 식물에서는 체세포가 일어나는 곳이 따로 정해져 있는데, 줄기나 뿌리의 끝, 형성층 등이 이에 해당합니다.

길이 생장

식물의 뿌리와 줄기 끝의 생장점에서 체세포분열에 의해 길이가 자랍니다. 생장점은 세포분열이 왕성하게 일어나 세포 수가 급격하게 늘어나는데, 줄기나 뿌리의 끝 부분이 잘려 나가면 생장점도 같이

생장점
식물의 줄기와 뿌리의 끝에서 세포의 증식이 두드러지게 일어나는 부분으로, 거의 대부분의 식물이 생장점의 체세포분열로 인해 살아 있는 동안 길이 생장을 한다.

잘려 나가므로 식물은 더는 자라지 못하게 된답니다.

부피 생장

줄기나 뿌리에 있는 형성층에서 체세포분열에 의해 식물의 부피가 자랍니다. 형성층은 사과나무나 은행나무처럼 쌍떡잎식물에만 있습니다. 보리나 벼와 같은 외떡잎식물은 형성층이 없어 부피 생장이 불가능하지요. 따라서 일반적으로 나무는 줄기가 굵고, 보리나 벼는 줄기가 가는 것이랍니다.

◆◆ 동물의 생장

식물이 일생 동안 생장하는 반면, 동물은 일정 기간만 생장하고 생장을 멈춥니다. 어릴 때는 생장이 느리다가 어느 시기가 되면 생장 속도가 빨라지고 어느 정도 자라면 생장이 중지되는 것이죠.

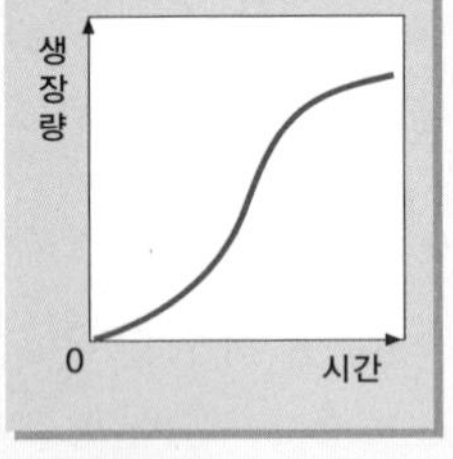

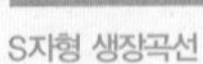
S자형 생장곡선

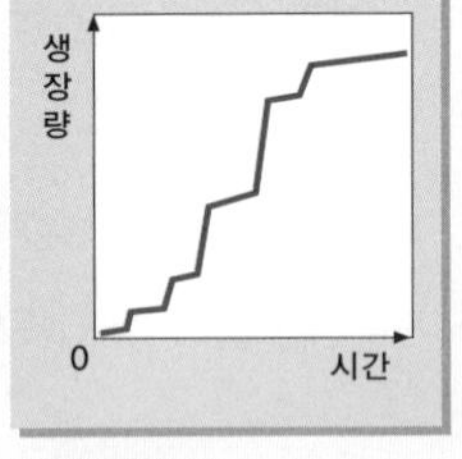

계단형 생장곡선

동물의 생장 과정을 그래프로 나타낸 것을 생장곡선이라고 하는데, 사람을 포함한 일반적인 동물은 어릴 때 생장이 더디게 일어나다

형성층
식물의 줄기에서 물관부와 체관부 사이에 있는 세포층으로, 부피 생장을 하는 곳이다. 형성층은 부름켜라고도 하는데, 계절에 따라 생장 속도가 달라 나이테를 생성하기도 한다.

가 어느 시기가 되면 활발한 대사로 급속히 생장합니다. 그러다가 안정기에 도달하면 노폐물이 축적되고, 세포 물질의 대사 능력이 감퇴됨으로 인해 생장이 중지되는 'S자형 생장곡선'을 그린답니다. 반면에 곤충류나 갑각류와 같이 생장 중 변태나 탈피를 하는 동물은 몸이 딱딱한 외골격으로 싸여 있어서 변태나 탈피를 하는 시기에만 자랍니다. 이러한 과정이 반복적으로 일어나므로 생장 과정을 그래프로 나타내면 계단 모양의 생장곡선을 그리지요.

변태
동물이 생장하면서 매우 짧은 기간 동안에 크게 형태를 바꾸어 성체가 되는 것을 말한다. 곤충에서 흔히 볼 수 있다.

탈피
동물이 생장하면서 껍질이나 허물을 벗는 일을 말하는데, 파충류와 곤충류, 양서류, 절지동물, 선형동물에서 볼 수 있다.

미리 만나보는 과학논술

체세포분열에 관한 서술형 문제

체세포분열을 관찰하기 위해서 양파 뿌리를 사용하는 이유는 무엇일까?

식물의 뿌리 끝에는 생장점이 있다. 생장점은 식물의 분열 조직의 하나로 왕성한 세포분열이 일어나고, 엽록소와 같이 관찰에 방해되는 색소가 없기 때문에 다른 조직에 비해 체세포분열을 쉽게 관찰할 수 있다. 또한 양파는 주변에서 쉽게 구할 수 있고, 염색체의 크기가 다른 식물에 비해 큰 편이기 때문에 세포분열의 관찰이 더욱 쉽다.

머리를 다쳐 일부 뇌 세포가 죽게 되면 뇌의 기능에도 문제가 생길까?

뇌는 신경세포로 되어 있으며 신경세포는 세포분열이 일어나지 않는다. 따라서 외부의 충격으로 세포가 죽으면 이를 대신할 세포를 만들 수 없다. 그러나 뇌 세포는 20세 이후에 매일 10만 개 정도의 뇌세포가 자연적으로 죽게 되며, 일생 동안 극히 일부분의 뇌세포만 사용하면서 살아간다는 사실을 볼 때 일부 뇌세포가 죽었다고 뇌의 기능이 나빠진다는 것은 잘못 전해지는 이야기이다.

우리의 뇌는 두개골에 의해 보호받고 뇌척수액이라는 액체 속에 있어 충격에 대비하고 있다. 하지만 충격으로 뇌의 신경이나 조직이 손상을 받으면 뇌의 기능에 손상이 가서 언어 능력이나 운동 기능에 문제가 생길 수 있으므로 머리에 충격을 주지 않는 것이 좋다.

우리 주위에는 암으로 목숨을 잃는 사람이 많다. 아래 사진은 골수에 생긴 암세포를 촬영한 것이다. 암세포는 어떤 특징을 갖고 어떻게 증식해 갈까?

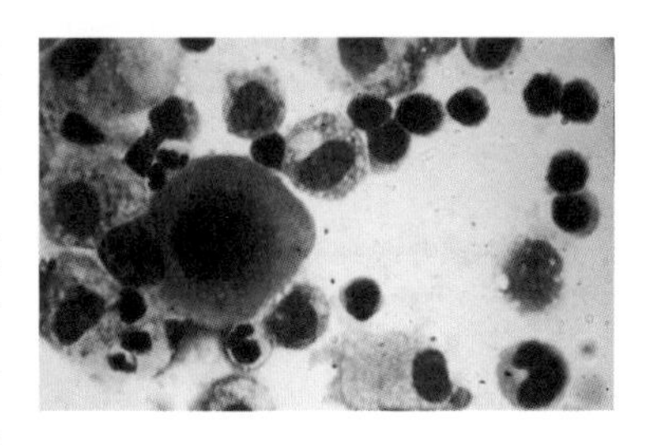

정상 세포가 분열하고 증식할 때는 주위 세포와 조화를 이루며 세포의 수가 적절하게 유지된다. 하지만 암 세포는 아무런 조절도 받지 않고 계속해서 분열하기만 한다. 따라서 암 세포는 정상 세포보다 크고, 모양과 형태가 일정하지 않다.

또한 암 세포는 일단 활동을 시작하면 자신이 분열하고 증식하기에 가장 유리한 조건으로 주변 환경을 만들어 큰 피해를 끼친다. 또한 암 세포는 주위에 있는 혈관으로 화학 물질을 분비해 혈관을 새롭게 만들기도 하는데, 그러면 그 혈관을 통해 정상 세포로 공급될 산소와 영양분을 모두 약탈해 자신의 세포 분열에 사용한다.

게다가 암 세포는 주변 조직, 혈관, 림프관을 타고 먼 장기까지 흘러가 다시 새로운 세포 분열을 한다. 이러한 전이 과정 때문에 폐암이 유방암, 위암 등으로 번져 결국 몸 전체를 암 세포로 만들어 죽음에 이르게 한다.

▶▶ 중학교 2학년 **자극과 반응 : 염색체와 감수분열**

생식세포는 왜 **감수분열을** 할까요?

만약에! : 감수분열이란, 이름에서도 나타나듯이 염색체의 수가 반으로 줄어드는 분열로 생식세포가 분열할 때 일어나지요. 엄마, 아빠의 생식세포가 각각 분열하고 그것들이 다시 하나가 되어 엄마, 아빠의 유전자를 반반씩 가진 채 여러분들이 태어난 것이죠. 만약에! 생식세포가 감수분열을 하지 않으면 어떤 일이 벌어질까요?

생활 속 과학 이야기 1

날개 달린 사람은 왜 없을까요?

길을 다니며 두 눈을 아무리 부릅뜨고 봐도 태어날 때부터 파란색 털을 가진 강아지는 볼 수 없을 것입니다. 다리가 여섯 개인 고양이나 뿔이 달린 말도 볼 수 없지요. 그리고 새처럼 날개 달린 사람도 마찬가지로 볼 수 없어요.

그렇다면 파란색 털을 가진 강아지, 뿔이 달린 말, 날개 달린 사람을 볼 수 없는 까닭은 무엇일까요?

그것은 애초부터 파란색 털을 가진 개가 없고, 뿔이 달린 말이 없고, 날개를 가진 사람이 없었기 때문입니다. 이것은 인간에게서 인간이 태어나고, 토끼에게서 토끼가 태어난다는 말과 같은 말인데요. 모든 생물이 그들만의 각각의 특성을 가진 유전 물질을 갖기 때문에 가능한 일이랍니다.

설계도와 같은 역할을 하는 유전자는 생물의 세포 가운데 자리 잡고 있

는 핵 안의 염색체에 고이 숨겨져 있습니다. 이 염색체에 생물마다 고유한 유전 물질인 DNA가 들어 있기 때문에 같은 종의 생물은 염색체 수와 모양이 같고 외부적인 형태도 같습니다. 따라서 한 개 세포의 염색체 수와 모양은 종을 구별할 수 있는 하나의 특징이 된답니다. 체세포의 염색체 수를 예로 들면, 초파리는 8개, 개는 78개, 양파는 16개, 벼는 24개가 있답니다.

사람의 체세포에는 남녀 모두 46개의 염색체가 들어 있어요. 이 염색체를 크기와 모양이 비슷한 순서로 배열하면, 44개의 염색체가 크기와 모양이 같은 것끼리 2개씩 짝을 이루는데(22개의 짝), 이것을 '상동염색체'라고 합니다. 상동염색체 중 한 개는 아버지로부터, 다른 한 개는 어머니의 생식세포로부터 물려받은 것이랍니다.

나머지 두 개의 염색체는 남녀에 따라 다른데, 여자는 두 개의 X 염색체를 가지며, 남자는 각각 한 개의 X 염색체와 Y 염색체를 가지고 있

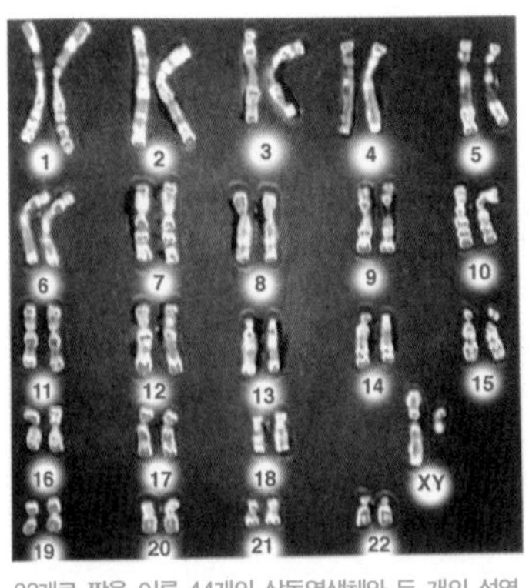

22개로 짝을 이룬 44개의 상동염색체와 두 개의 성염색체

성염색체로 봐서 남자의 염색체이다.

습니다. 이들 X 염색체와 Y 염색체는 남녀의 성별을 결정하는 데 중요한 역할을 하므로 이들을 '성염색체' 라고 한답니다.

정자나 난자와 같은 생식세포는 체세포분열과는 다르게 분열합니다. 만약에 정자나 난자가 체세포분열과 같은 방식으로 세포분열을 하면 아주 큰 문제가 생기지요.

생물은 부모의 생식세포 염색체를 물려받게 되는데, 사람의 경우 46개를 물려받습니다. 만약에 생식세포가 감수분열을 하지 않고 체세포분열을 한다면 자손은 아비로부터 46개, 어미로부터 46개의 염색체를 물려받아 92개의 염색체가 될 것입니다. 이렇게 되면 후손으로 내려갈수록 염색체의 수는 기하급수적으로 늘어나게 되고, 지구에 생명체가 탄생한 지 수십 억 년의 세월이 지난 오늘날 생물들은 몸 전체가 염색체 덩어리가 되었을지도 모를 일이에요.

그러나 다행히 생식세포의 염색체 수는 체세포 염색체 수의 절반입니다. 체세포분열에서는 딸세포의 염색체 수가 변하지 않지만, 생식세포가 만들어지는 세포분열에서는 염색체 수가 절반으로 줄어들기 때문이에요. 그래서 생식세포의 분열을 염색체 수가 줄어드는 분열이라고 해서 감수분열이라 하지요.

결국 염색체 수가 체세포의 절반으로 줄어든 생식세포들의 결합으로

수정이 일어남으로써 자손의 체세포 염색체 수는 부모의 염색체 수와 똑같게 되는 것입니다.

완소 강의

너희가 감수분열을 아느냐!

◆◆ 염색체는 어떻게 생겼을까?

염색체는 오른쪽 그림처럼 나선 모양의 염색사와 이를 둘러싸고 있는 기질로 되어 있는데, 염색사는 DNA(유전자의 본체)와 단백질로 되어 있습니다. 분열 중인 염색체는 두 가닥으로 갈라져 있고 동원체에서만 붙어 있는데, 이 각각의 가닥을 염색 분체라고 합니다. 염색 분체는 DNA가 복제되어 만들어졌기 때문에 똑같은 유전 정보를 가지고 있지요.

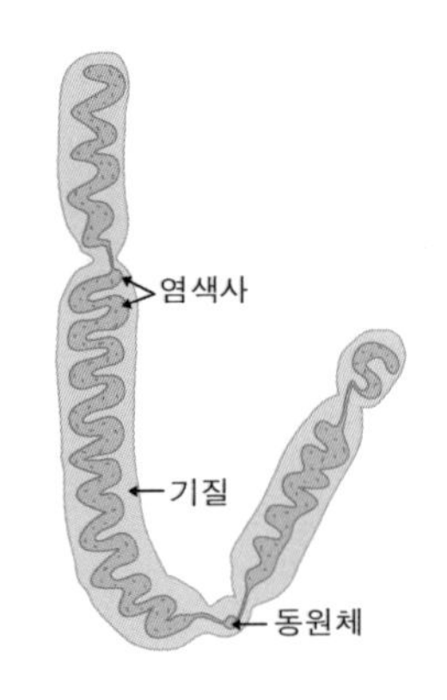

염색체의 구조

염색체는 상염색체와 성염색체로 나뉘는데, 상염색체는 남녀의 성에 관계없이 암수 공통으로 가지고 있는 염색체로 모양과 크기가 같으며 사람의 경우 남녀 모두 44개입니다. (앞 쪽에 나와 있는 상동염색체란 용어는 크기와 모양이 똑같은 이들 상염색체가 2개씩 쌍을 이룬 것을 말합니다.) 반면 성염색체는 암수에 따라 모양이 서로 다른 염색체로 암수의 성을 결정하는 데 관여합니다. 사람의 경우 성염색체는 X염색체, Y염색체 두 가지가 있습니다.

사람의 염색체 표현 : 남자 = 44개의 상염색체 + XY(성염색체)
여자 = 44개의 상염색체 + XX(성염색체)

◆◆ 감수분열

정자, 난자와 같은 생식세포를 만들 때 염색체 수가 반으로 감소하는 분열을 말하며, 세대를 거듭해도 자손의 염색체 수가 항상 일정한 세포분열을 뜻하기도 합니다. 동물의 경우, 아래 그림과 같이 분열하는데, 한 번의 간기(휴지기 또는 정지기) 이후 연속 두 번 분열하고, 그 결과 염색체의 수가 반으로 줄어든 4개의 생식세포를 형성합니다.

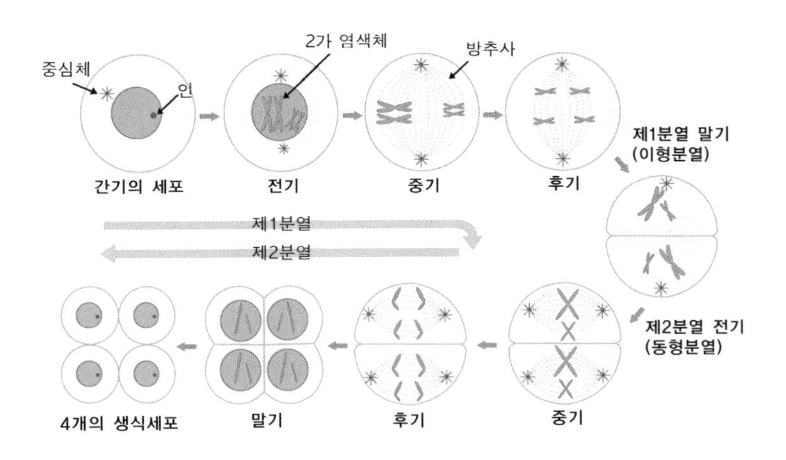

감수분열 과정(동물 세포)

감수 제1분열(이형분열)

염색체 수가 반으로 줄어듭니다.

- **전기** : 핵막과 인이 사라지고, 염색사가 응축하여 염색체로 됩니다. 상동염색체는 서로 접합하여 2가 염색체(4분 염색체)를 형성합니다.
- **중기** : 양극에서 방추사가 나와 각 염색체의 동원체에 연결됩니다.
- **후기** : 염색체가 분리되어 양극으로 이동하고, 염색체 수가 반으로 줄어듭니다.
- **말기** : 세포질 분열이 일어나 2개의 딸세포가 생깁니다.

감수 제2분열(동형분열)

염색체 수에는 변화가 없이 체세포분열과 같은 과정으로 진행됩니다.

미리 만나보는 과학논술

염색체와 감수분열에 관한 서술형 문제

여자 창던지기 대회에 남자 창던지기 선수가 여장을 하고 출전을 하면 좋은 성적으로 입상할 수 있을 것이다. 이러한 경우를 막기 위해 올림픽과 같은 대회에서는 출전하는 선수들의 성별을 모두 확인한다. 운동 경기에 참여하는 선수들의 성별은 어떻게 알 수 있을까?

성별을 조사하는 방법 중 염색체를 조사하는 방법은 46개를 모두 찾아야 할 뿐만 아니라 세포분열 중인 세포에서만 관찰된다는 문제가 있다. 그래서 이보다 더 간단한 방법으로 '바 소체'를 찾는 방법이 사용되고 있다.
남자의 경우 바 소체가 관찰되지 않는 반면, 여자의 경우 1개의 바 소체를 관찰할 수 있어 뚜렷하게 성별을 구별할 수 있다. 바 소체 검사는 면봉으로 입 안 세포를 조금 떼어 내서 하므로 방법도 간편하며, 효율적이기도 하다.

사람의 염색체 수에 이상이 생기면 어떤 일이 일어날까?

사람의 염색체 수는 정상적인 경우 46개이다. 그러나 어떤 경우에는 47개나 48개의 염색체를 가지고 태어나는 경우도 있다. 이 경우는 성염색체가 XXY나 XXXY인 경우로 X 염색체가 1~2개 더 많다.
이 증상은 남자에게만 해당하며 겉으로 드러나는 증상으로는 사춘기가 지나서 2차 성징이 결여된다. 일반적으로 키가 크고 여성형 유방을 가지며, 고환이 작고 무정자증에 해당된다.

▶▶ 중학교 3학년 **생식과 발생 : 무성생식**

암수가 없어도 생식이 가능할까요?

만약에! : 자신과 닮은 새로운 개체를 만드는 일을 생식이라고 하는데요. 생식에 사람처럼 꼭 암수가 있어야만 자손을 낳을 수 있는 건 아니랍니다. 만약에! 사람도 이분법처럼 순식간에 번식이 이루어진다면 지구엔 어떤 일이 일어날까요?

생활 속 과학 이야기 1

적조 현상은 왜 일어나나요?

장마가 끝나고 무더위가 계속되는 여름이면 적조 현상으로 물고기나 조개들이 많이 죽어 어민들의 피해가 심각하다는 뉴스를 본 적이 있을 거예요. 적조 현상이란 식물 플랑크톤이 대량 증식하여 바닷물의 색깔이 식물 플랑크톤에 들어 있는 색소 때문에 붉게 변하는 것을 말한답니다.

적조가 생긴 바다

여름에 바닷물의 온도가 높아지고 장마 등으로 육지의 영양염류가 바다로 많이 유입되면 식물 플랑크톤의 번식에 좋은 환경이 되지요. 이때 식물 플랑크톤이 이분법으로 빠르게 번식하여 적조를 일으키게 되는 것이랍니다. 적조가 생기면 육지에서 바다로 흘러들어간 오염물질이 빠르게 분해되는 장점도 있으나, 바닷물 속에 많아진 식물 플랑크톤 때문에 물고기의 아가미가 막히고 물속의 산소가 감소해 물고기가 호흡곤란을 일으켜 죽게 된답니다.

식물 플랑크톤이 이렇듯 빠르게 번식할 수 있는 이유는 무성생식을 하기 때문이지요. 그럼 생식에 대해 더 알아볼까요? 생물이 자신과 똑같이 생긴 자손을 남기고 죽는 것은 생물의 특성 중 하나인데요. 이렇게 새로운 개체를 만드는 일을 '생식'이라고 합니다. 우리는 흔히 생식이라 하면, 암수의 생식세포가 결합하여 번식을 하는 유성생식만을 생각하는데, 단세포 생물이나 일부 동식물에서 보이는 암수 구별 없이 번식을 하는 무성생식도 있습니다.

무성생식에는 이분법, 출아법, 포자법, 영양생식 등이 있는데, 식물 플랑크톤처럼 무성생식은 적당한 환경만 조성된다면 유성생식에 비해 빠르게 자손을 남길 수 있는 이점이 있답니다.

이분법
짚신벌레나 아메바처럼 하나의 세포로 이루어진 단세포생물의 번식 방법이다. 하나의 세포가 둘로 갈라진다.

생활 속 과학 이야기 2

개나리는 어떻게 번식할까요?

이른 봄 노란 꽃을 피운 개나리를 보고 있으면 '아, 이제 봄이구나!' 하고 감탄사가 절로 나오지요. 작고 귀여운 노란 꽃잎과 가느다란 줄기 여기저기 맺힌 연녹색 잎들이, 부드러운 바람이 불고 햇살이 나날이 따뜻해지는 봄이란 계절과 딱 맞아 떨어지니까요. 그런데 아무리 봐도 개나리꽃에 열매가 달린 것을 본 적은 없을 거예요. 열매가 있어야 씨를 퍼뜨릴 수 있을 텐데 말입니다. 실제로 개나리는 열매를 잘 맺지 않을 뿐만 아니라 씨앗을 심어도 싹이 잘 트지 않는다고 합니다. 개나리는 물론 씨로도 번식이 가능하지만 다른 번식 방법이 또 있습니다. 그 방법은 무엇일까요?

봄을 대표하는 꽃답게 노랗게 핀 개나리

식물 중에는 뿌리, 줄기, 잎 같은 영양기관의 일부가 따로 완전한 식물체로 자랄 수 있는 성질을 가진 종들이 있는데 개나리도 이에 해당한답니다. 이처럼 식물이 영양기관으로 번식하는 것을 영양생식이라고 해요. 예를 들어, 감자, 잔디, 딸기, 양파, 개나리 등은 줄기로 번식하고, 고구마나 튤립은 뿌리로, 베고니아는 잎으로 번식하지요.

또한 영양생식은 농업이나 원예에 사용되는데, 꺾꽂이, 휘묻이, 접붙이기, 포기나누기 등의 방법을 사용해요. 꺾꽂이는 잎이나 줄기를 땅에 꽂아 뿌리를 내리게 하는 방법으로 개나리나 버드나무는 줄기를 꺾꽂

이 하여 번식시킨답니다. 휘묻이는 줄기의 일부를 그대로 땅에 휘게 하여 묻고, 그곳에서 뿌리가 내리면 원래 줄기와의 연결 부분을 자르고 번식시키는 방법입니다. 접붙이기는 야생의 나무에 번식을 원하는 품종의 눈이나 줄기를 붙여 번식시키는 방법으로 과실수 재배에 많이 사용하고, 포기나누기는 여러 포기로 된 뿌리를 작은 포기로 나누어 번식시키는 방법을 사용합니다.

영양생식은 꽃이 일찍 피고 열매가 빨리 열리며, 어버이의 우수한 특징을 그대로 지닌 식물을 얻을 수 있다는 장점이 있어요. 이런 장점 때문에 좋은 품종을 보존하기에 적합하고 원예나 과수 재배에 널리 이용된답니다.

완소 강의

암수가 필요 없는 무성생식

◆◆ 무성생식의 여러 종류

생물이 종족을 유지하기 위하여 자기와 닮은 자손을 남기는 것을 생식이라고 하는데, 암수의 구별이 없거나, 있어도 암수 생식세포의 결합이 없이 일어나는 생식을 '무성생식'이라고 합니다. 번식 방법이 비교적 간단하고 시간이 짧게 걸리며, 일반적으로 하등 생물의 번식 방법입니다. 그러나 고등식물 중에 뿌리, 줄기, 잎의 일부로 번식하는 것도 무성생식이라고 한답니다.

이분법

하나의 세포가 분열해 둘로 나누어지고, 2개의 세포가 각각 새로운

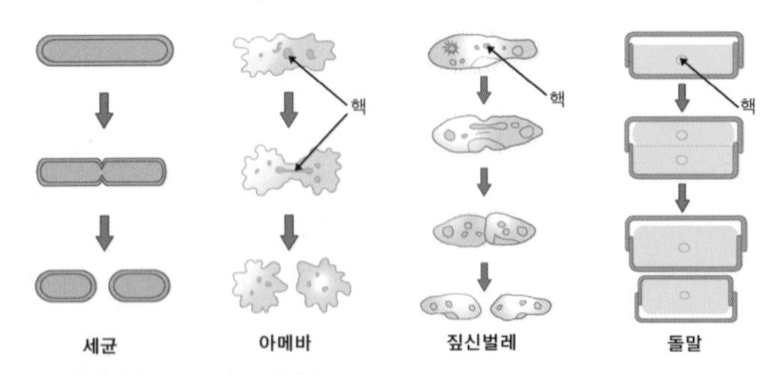

이분법으로 번식하는 생물
세균, 아메바, 짚신벌레, 돌말, 유글레나, 종벌레 등이 있다.

개체로 되는 가장 단순한 생식 방법으로, 단세포 생물의 번식법입니다.

출아법

몸의 일부분에서 혹 같은 돌기가 자라나고, 이것이 떨어져 새로운 개체가 되는 생식 방법입니다. 어미 개체는 남아 있으며, 새로운 개체는 어미보다 크기가 작습니다.

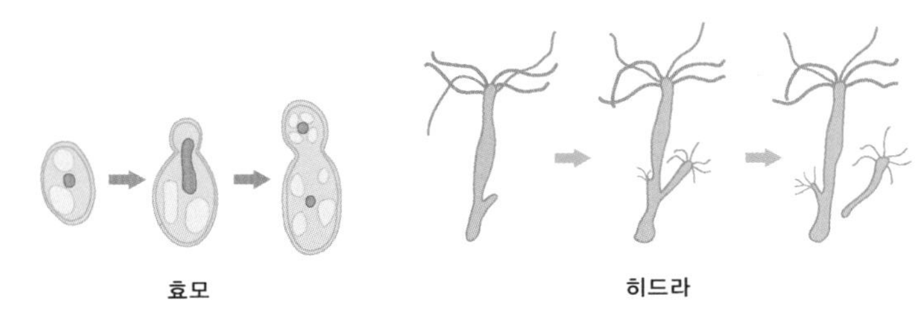

출아법으로 번식하는 생물
효모, 히드라, 말미잘, 산호 등이 있다.

포자법

몸의 일부에서 포자를 만들고, 그 포자가 땅에 떨어지면 그곳에서 싹이 터서 새로운 개체로 자라는 생식 방법입니다.

영양생식

고등식물이 생식기관이 아닌 영양기관(뿌리, 줄기, 잎)으로 번식하는

포자
다른 말로 홀씨라고도 한다. 식물의 씨앗과 같은 것으로 곰팡이나 이끼 등이 번식하는 수단이다.

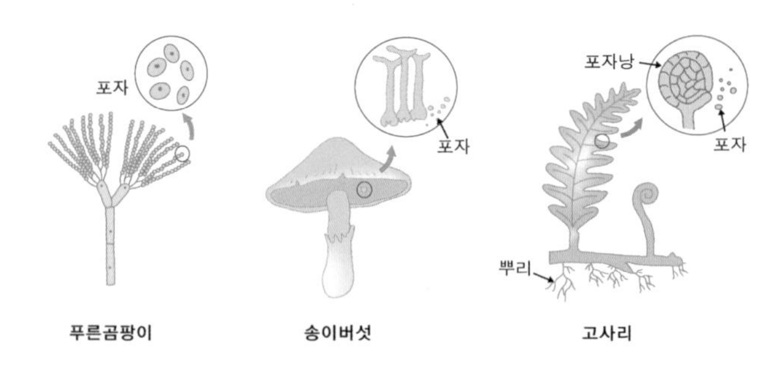

포자법으로 번식하는 생물
바다에 사는 조류와 육지의 고사리, 곰팡이, 이끼, 버섯 등이 있다.

생식 방법으로 식물의 왕성한 재생 능력을 이용한 것입니다. 종자로 번식하는 것보다 개화와 결실이 빨라 농업이나 원예 분야에 많이 이용됩니다.

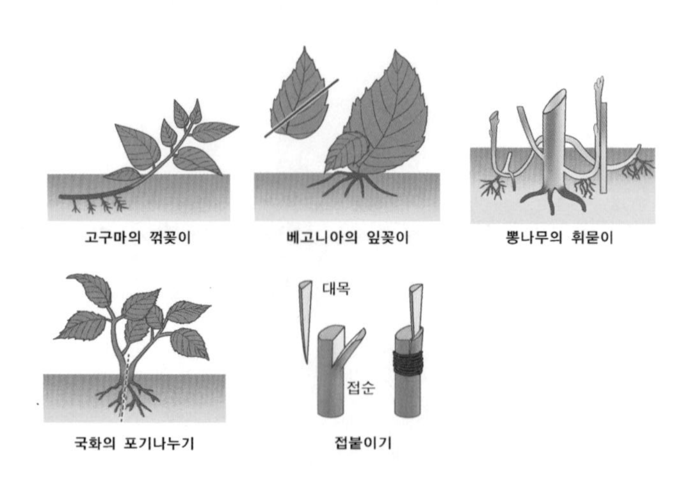

식물의 여러 가지 인공 영양생식

미리 만나보는 과학논술

무성생식에 관한 서술형 문제

적조 현상이 일어나면 바다에 황토를 뿌리는 이유는 무엇일까?

➲ 황토는 오염물질을 붙잡아 물 아래로 가라앉게 하는 성질이 있다. 황토의 이러한 성질을 이용해서 적조가 일어난 바다에 황토를 뿌려 주면 식물 플랑크톤의 먹이가 되는 영양염류를 황토가 흡착해서 바다 속으로 가라앉게 만든다. 이러한 방법을 이용해 식물 플랑크톤의 증식을 막고 물속의 산소 농도를 증가시켜 물고기가 살 수 있는 환경으로 만드는 것이다.

만약에 사람이 무성생식을 한다면 어떤 문제점이 생길 수 있을까?

➲ 사람이 무성생식을 한다면 자손이 번식하는 데 아주 효율적일 것이다. 연애를 하거나 결혼을 하는 데 드는 비용도 필요 없고, 시간도 적게 들기 때문이다. 그러나 무성생식을 하는 생물들을 보면 유전적으로 아주 단순한 염색체여서 진화가 아주 느리게 일어난다.

따라서 사람도 무성생식을 하게 된다면 외부 환경 변화에 대한 적응력이 아주 떨어질 것이다. 예를 들어, 지독한 감기 바이러스가 새로 생겨 치명적인 질병에 걸리더라도 적응력이 떨어져 치료도 못하고, 그 바이러스가 퍼져 지구에 있는 모든 인류가 같은 병에 걸리는 결과가 될 것이고, 결국에 인류는 멸종의 위기에 봉착할 것이다.

아래 사진은 복통과 설사를 일으키는 병원성 대장균인 O-157균이다. 이러한 세균이 번식하고 있는 상한 음식을 먹으면 금방 배가 아프고 설사를 하는 이유가 무엇일까?

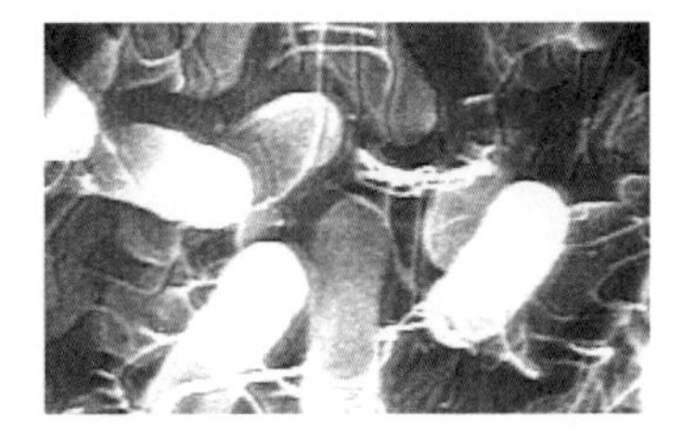

상한 음식에는 대장균이라는 미생물이 많은데, 대장균은 이분법으로 번식을 한다. 따라서 그 수가 기하급수적으로 늘어나게 되어 몸에 해로운 화학 물질을 분비하게 된다. 설사는 이를 막기 위해 대장균을 포함한 소화 흡수가 안 된 음식물을 밖으로 배출하는 현상이다. 따라서 이럴 경우 설사를 멈추게 하는 약을 먹으면 오히려 몸에 해로울 수 있다.

▶▶ 중학교 3학년 **생식과 발생 : 유성생식**

암수가 있는 생물은 어떻게 생식할까요?

만약에! : 동물 중에는 사람처럼 남자, 여자가 따로 구분되어 있지 않은 경우가 있답니다. 암수를 한몸에 지닌 하등동물이 그 경우지요. 또 식물 중에는 암술과 수술이 함께 있지 않고 따로 떨어져 존재하는 경우도 있어요. 만약에! 암수가 구분되는 고등동물 중 수컷을 만날 기회가 없는 암컷이 있다고 할 때 이 암컷은 어떤 생식을 통해 번식을 할까요?

생활 속 과학 이야기 1

식물은 어떻게 수정할까요?

꽃이 피면 벌이나 나비들이 꽃 사이를 부지런히 오가는 것을 볼 수 있습니다. 그런 벌이나 나비들의 몸에는 화분(꽃가루)이 묻어 있지요.

비닐하우스에서 재배하는 오이 같은 작물에 꽃이 피면 사람이 직접 오이

의 화분을 암술머리에 묻혀 줍니다. 이렇듯 식물은 벌이나 나비, 또는 사람이 화분을 옮겨줘야 하는데 왜 그런 것일까요?

그것은 바로 화분이 암술머리에 옮겨 붙는 수분이 일어나야 식물의 수정이 일어날 수 있기 때문이랍니다. 수분이 이루어지는 방법에는 벚나무나 백합과 같이 곤충에 의한 방법, 소나무나 은행나무와 같이 바람에 의한 방법, 동백나무처럼 새에 의한 방법 등 여러 가지가 있지요.

생활 속 과학 이야기 2

매미는 왜 시끄럽게 울어대는 걸까요?

한여름 시끄럽게 우는 매미 때문에 귀가 따가울 때가 있지요. 매미는 왜 그렇게 울어대는 걸까요? 그것은 바로 수컷 매미가 암컷 매미를 유인하여 짝짓기(교미)를 하기 위해 열심히 울어대는 것이라고 하네요. 일종의 구애 행동이지요. 그런데 수컷 매미만 울 수 있다고 해요. 암컷 매미는 발성기관이 없어서 울 수가 없답니다. 이렇듯 매미와 같은 곤충이나 동물이 열심히 구애 행동을 한 후, 짝짓기를 하는 것은 모두 번식을 위한 것이랍니다.

나무에 붙어 울고 있는 매미
수컷 매미는 짝짓기를 하기 위해 울어댄다.

동물의 암수는 난소와 정소에서 감수분열과 변형을 거쳐 각각 난자와 정자를 만듭니다. 난자는 수정란이 발생하는 데 필요한 양분이 있어 정자에 비해 크고, 운동성이 없습니다. 정자는 난자에 비해 매우 작으며, 핵이 들어 있는 머리가 있고, 운동성이 있는 꼬리

가 있어서 활발하게 움직일 수 있습니다.

한 개의 난자에 수많은 정자가 접근하지만, 난자는 그 중 한 개의 정자와 수정합니다. 난자에 도달한 정자가 난자 표면을 뚫고 머리가 들어가게 되면 난자 표면에는 수정막이 생겨 다른 정자가 들어오지 못하게 하지요. 난자 속으로 들어간 정자의 핵과 난자의 핵이 합쳐지면 비로소 수정란이 됩니다. 이 수정란은 세포분열을 계속하여 여러 개의 세포를 만들고 조직과 기관을 형성하면서 하나의 온전한 개체로 자라게 된답니다.

완소 강의

식물과 동물의 유성생식

◆◆ 유성생식이란?

유성생식은 고등생물의 생식 방법으로, 감수분열을 하여 생식세포를 만들며, 이들이 결합하여 새로운 개체가 됩니다. 이렇게 결합된 개체는 새로운 유전자의 조합으로 이루어지므로 다양한 자손이 생길 수 있고, 그 결과 변화하는 환경에 잘 적응하는 자손을 남길 수 있어 생존에 유리하답니다.

◆◆ 왜 진화된 생물일수록 유성생식을 많이 할까?

유성생식은 암수라고 하는 두 가지 성별을 이용해서 다음 세대에 자손을 남기는 방법을 말합니다. 따라서 유성생식은 적절한 짝이 없으면 생식이 이루어질 수 없고, 짝을 이루는 복잡한 단계를 거쳐야 하므로 시간과 에너지가 많이 드는 단점이 있지요. 하지만 이런 단점에도 불구하고 진화된 생물들이 주로 유성생식으로 자손을 퍼뜨리는 것은 큰 장점이 있기 때문입니다. 그것은 유성생식을 할 때마다 서로 다른 유전자가 뒤섞임으로써 유전적 다양성을 확보할 수 있다는 것인데요. 유전적 다양성이 커지면 한 가지 유전자만을 가지고 있는 무성생식 번식에 비해 수많은 유전자를 동시에 가져서 환경 변화에 따른 적응이 수월하게 되지요. 또한 진화의 가능성이 훨씬 커진답니다.

만약에 사람이 유성생식을 하지 않고 무성생식을 한다고 가정해 봅시다. 어느 날 A라는 사람이 'X 바이러스'에 걸려 심하게 앓다가 목숨을 잃었습니다. 그렇다면 무성생식으로 생긴 자손들은 어버이인 A라는 사람과 같은 유전자를 가지고 있으므로 대부분 'X 바이러스'에 약할 수밖에 없고 자손들도 이것으로 인해 목숨을 잃게 되겠지요. 결국 이렇게 가다 보면 사람이라는 종은 멸종하게 될 것입니다.

반면에 사람이 유성생식을 한다고 하면, A라는 사람은 B라는 사람과 결혼하여 각각 가지고 있는 유전자를 반씩 자손에게 물려주고, 그 자손은 A와 B의 유전자를 함께 가진 AB라는 사람이 되겠지요. 이럴 경우 'X 바이러스'에 걸려 목숨을 잃을 가능성은 반으로 줄어들게 됩니다. 이런 일이 반복되어 유전자가 계속 섞이게 되면 결국에는 'X 바이러스'에 목숨을 잃는 경우는 아주 극소수의 사람이 될 것이고, 사람이라는 종 전체가 멸종할 위험성은 크게 줄게 되는 것입니다. 따라서 발달된 구조를 가진 대부분의 생물들은 유성생식을 하는 것이랍니다.

◆◆ 식물의 유성생식

과수원에서 일하는 농부들은 붓에 화분을 묻혀 암술로 옮겨 주는 일을 일일이 직접 하곤 한답니다. 화분을 농부들이 직접 옮겨 주는 까닭은 동물의 짝짓기에 해당하는 식물의 수분을 사람이 도와주는 것이지요. 꽃이 피는 식물들은 암수가 있기 때문에 이처럼 유성생식이 가능합니다. 꽃이 피는 식물의 생식기관은 바로 꽃이랍니다.

양성화와 단성화

꽃에는 진달래, 민들레, 복숭아꽃 등과 같이 암술과 수술이 함께 있는 양성화와 소나무나 호박 등과 같이 암술과 수술이 따로 있는 단성화가 있답니다. 단성화에서 암술만 있는 꽃을 암꽃, 수술만 있는 꽃을 수꽃이라고 합니다.

양성화(복숭아꽃) 단성화(소나무 암꽃) 단성화(소나무 수꽃)

또한 단성화는 암꽃과 수꽃이 하나의 식물에 같이 있느냐 아니면 각각 다른 식물에 따로 있느냐에 따라 구분한답니다. 소나무, 밤나무, 수박처럼 암꽃과 수꽃이 한 식물 개체에 함께 있는 경우를 '암수한그루(자웅동주)식물' 이라고 합니다. 반면에 동물과 비슷하게 암꽃과 수꽃이 각각 다른 식물 개체에서 피는 식물을 '암수딴그루(자웅이주)식물' 이라고 하는데, 은행나무, 뽕나무, 버드나무 등이 여기에 해당한답니다.

식물의 유성생식 과정

식물의 유성생식은 수분으로 시작됩니다. 수분은 꽃 중에서 수술에서 만들어진 화분이 암술머리에 붙는 것을 말하지요. 화분이 암술머리에 붙으면 화분에서 화분관(꽃가루관)이 밑씨 쪽으로 자란답니다. 그리고 화분관 안에서는 생식핵이 두 개의 정핵으로 나뉘어 화분관을 따라 밑씨 쪽으로 이동하게 되지요.

화분관이 자라는 동안에 암술의 밑씨에서도 생식세포가 나뉘어 알세포와 극핵이 만들어진답니다. 화분관이 밑씨에 이르게 되면 한 개의 정핵은 알세포(난세포)와 수정하여 배(씨앗의 일부로 배가 성장하여 싹이 틉니다.)가 되고, 나머지 한 개의 정핵은 극핵과 결합하여 배젖(배에 영양을 공급합니다.)이 된답니다. 이처럼 식물의 유성생식은 밑씨 속에서 두 가지 종류의 수정이 동시에 일어난다고 해서 중복수정이라고도 한답니다.

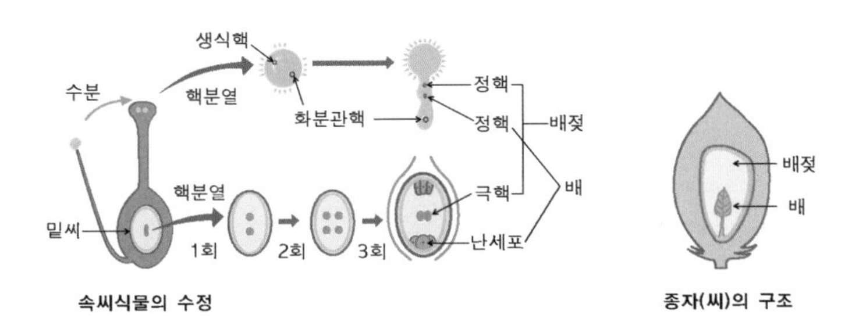

식물의 유성생식 과정

◆◆ 동물의 유성생식

동물의 암수는 난소와 정소에서 생식세포 분열을 통해 각각 난자와 정자를 만듭니다. 난자는 새끼가 태어나는 데 필요한 양분을 가지고 있기 때문에 정자에 비해 매우 크고 스스로 운동을 할 수가 없지요. 반면에 정자는 핵이 들어 있는 머리와 운동할 수 있는 꼬리로 되어 있는데, 이 꼬리로 헤엄쳐 가서 난자와 만나게 되고 수정이 이루어진답니다. 수정이 이루어지면 비로소 완전한 하나의 세포인 수정란이 되고, 수정란은 세포분열을 계속하여 어른 개체로 자랍니다.

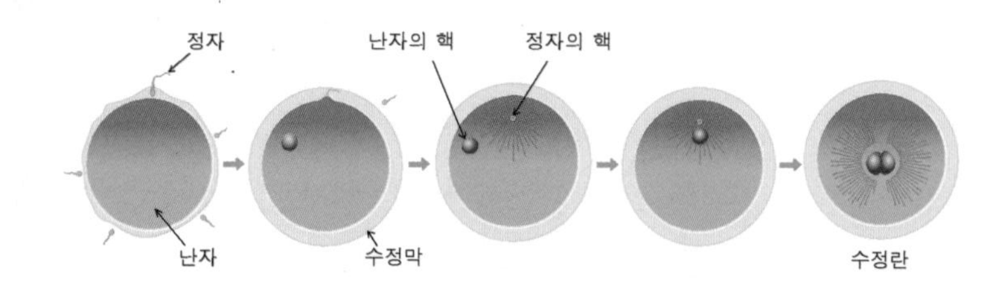

동물의 유성생식 과정

미리 만나보는 과학논술

유성생식에 관한 서술형 문제

4, 5월경에 비가 내린 후 물웅덩이에서 볼 수 있는 노란 가루는 어디서 온 것일까?

바람을 이용해서 수분하는 식물들은 동물을 이용하여 수분하는 것보다 효율이 떨어지기 때문에 더 많은 화분을 생산하여 바람에 날려 보내야 한다. 소나무 역시 많은 양의 화분을 생산한다. 그 화분들은 공기 중에 떠다니다가 비가 오면 빗방울에 섞여 땅으로 떨어지는데, 비 온 뒤에 볼 수 있는 물웅덩이의 노란 가루가 바로 화분이다.

조류나 파충류의 알이 포유류의 난자보다 큰 이유는 무엇일까?

조류나 파충류의 알이 포유류의 난자보다 훨씬 큰 이유는 정자와 난자가 만나 수정이 일어난 후 개체로 발생하는 위치가 다르기 때문이다. 조류나 파충류의 경우는 체외에서 알을 낳고 그 알에서 발생이 이루어져 자손이 태어나기 때문에 발생 동안 필요한 양분을 축적해 두기 위해 알의 크기가 커야 한다. 반면, 포유류의 경우 암컷의 자궁에서 발생이 일어나고 필요한 물질을 혈관을 통해 교환하므로 난자의 크기가 크지 않다.

아래 사진의 진딧물은 무성생식을 한다. 그런데 도마뱀은 원래 유성생식을 하지만 서태평양의 작은 섬에 분포하는 어떤 도마뱀은 유성생식을 하지 않고 벌이나 진딧물, 물벼룩과 같은 하등동물처럼 무성생식(처녀생식)을 한다고 한다. 그 이유는 무엇일까?

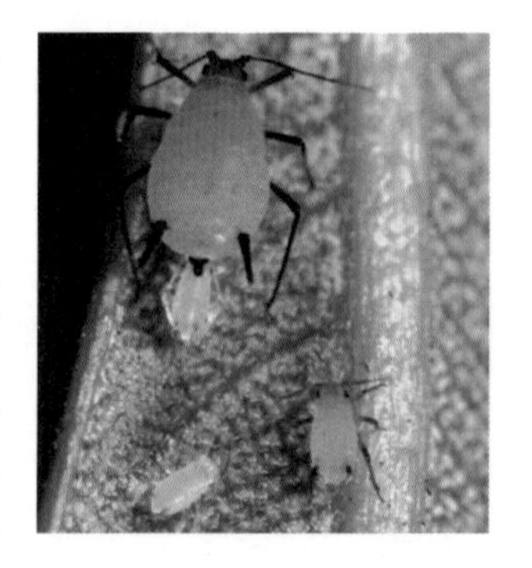

도마뱀과 같이 고등동물인 동물도 처녀생식을 하는 경우가 발견되는데, 그 이유는 섬과 같은 한정된 곳에서 수컷을 만날 수 있는 횟수가 적기 때문이다. 또한 천적이나 질병의 종류가 다양하지 않아 유전 조합이 그렇게 절실하지 않기 때문에 처녀 생식을 하도록 환경에 적응한 까닭이기도 하다.

▶▶ 중학교 3학년 **생식과 발생 : 사람의 임신과 출산**

임신과 출산은 어떻게 진행될까요?

만약에! : 아기는 어떻게 태어나는지 모두들 궁금해 한 적이 있었을 거예요. 엄마와 아빠가 서로 사랑해서 여러분들이 태어났다는 알 수 없는 말은 많이 들었겠지요? 자, 그럼 과학적으로 아기는 어떻게 태어나는지 한번 알아볼까요? 만약에! 여러분 중에 쌍둥이가 있다면 수정은 어떻게 이루어진 것일까요?

생활 속 과학 이야기 1

몸에 꽉 끼는 옷이 왜 안 좋은가요?

근육질 몸매에 꽉 끼게 달라붙는 바지를 입은 멋진 남자 연예인들의 모습이 텔레비전에 자주 등장하곤 하지요. 여자 연예인들도 S라인이다 뭐다 하며 몸에 꽉 끼는 속옷을 입고 옷맵시를 뽐내는 일이 많아요. 몸매가 되지 않는 우리들도 이런 연예인들을 보면 그런 옷차림을 따라하고 싶어지는데, 이렇게 우리 몸을 꽉 조이는 옷들은 건강, 특히 생식기능에 좋지 않답니다. 왜 그런지 이유를 알아볼까요?

정자는 사춘기 이후 남성의 정소 속 세정관에서 만들어지며, 부정소에 저장되었다가 수정관을 지나 체외로 사정되지요. 정자가 수정관을 지나는 동안 저정낭과 전립선에서는 정액을 만들어 분비합니다. 정자는 하루에 1억 개 정도가 만들어지며, 1회 사정에 3~5억 개가 방출되나 수정이 일어나는 것은 단 1개뿐이랍니다.

정자의 생산은 체온보다 2~3° 정도 낮은 곳에서 가장 활발하게 생산되는데, 온도가 올라가면 정자의 수가 감소하는 것으로 알려져 있습니다. 그래서 우리 몸은 정소를 다리와 직접 닿지 않게 하려고 음낭에 주름을 만들어 열을 방출하는 쪽으로 진화하였답니다. 그러나 몸에 꽉 끼는 바지를 입으면 정소가 다리와 직접 닿게 되고 바람도 통하지 않아서 정자 생성에 문제가 될 수 있지요. 또한 몸에 꽉 끼는 옷을 입으면 혈액 순환이 되지 않아 생식기관에 질병이 발생할 수도 있다고 합니다.

생활 속 과학 이야기 2

임산부가 담배를 피우면 어떻게 되나요?

초음파 검사란, 우리가 들을 수 없는 주파수의 음파인 초음파를 이용하여 우리 몸속의 조직을 검사하는 것을 말해요. 이 검사를 이용하여

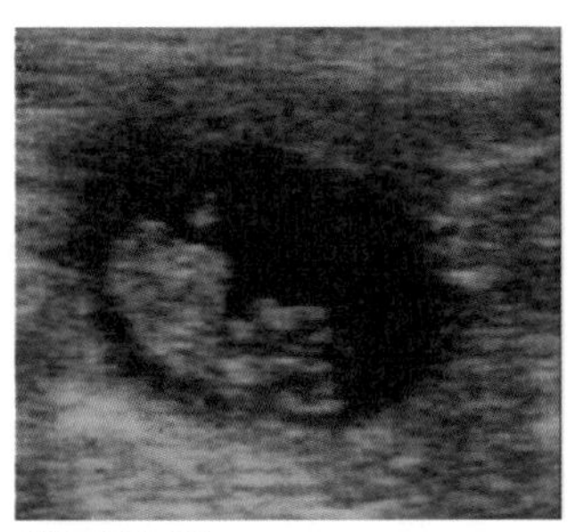

태아 초음파 사진

뱃속의 태아가 건강하게 제 시기에 맞게 자라고 있는지 확인하기도 한답니다. 그렇다면 태아는 엄마 뱃속에서 어떻게 자라는 것일까요?

부모의 정자와 난자가 만나 수정란이 된 후 1주일이 지나면 수정란이 자궁벽에 착상되고, 2주일이 지나면 중추신경계가 만들어지기 시작합니다.

배(동물의 경우에 수정란 분열 후 태아가 되기 전 단계까지를 부르는 말)가 자궁벽에 착상하게 되면 배와 어머니 사이에 태반이 형성되고, 여기에 연결된 탯줄을 통해 배에 영양분을 공급받고 노폐물은 임산부의 몸으로 이동하게 됩니다. 이렇게 해서 태아는 자궁 속에서 자라게 되는 것이지요.

이때 만약 어머니가 약물을 복용하거나, 담배를 피우고 술을 마시면 니코틴이나 타르, 알코올 등의 해로운 물질이 태아에게 그대로 전달되

어 심각한 영향을 끼치게 됩니다. 특히 태아의 각 기관이 형성되는 임신 초기에 어머니를 통해 태아에게 해로운 물질이 전달되면 태아의 기관 형성을 방해하거나, 기관이 비정상적으로 발생되도록 하여 태아가 유산되고, 기형아를 출산하기도 합니다.

완소 강의

우리는 어떻게 태어났을까?

◆◆ 사람의 수정과 임신

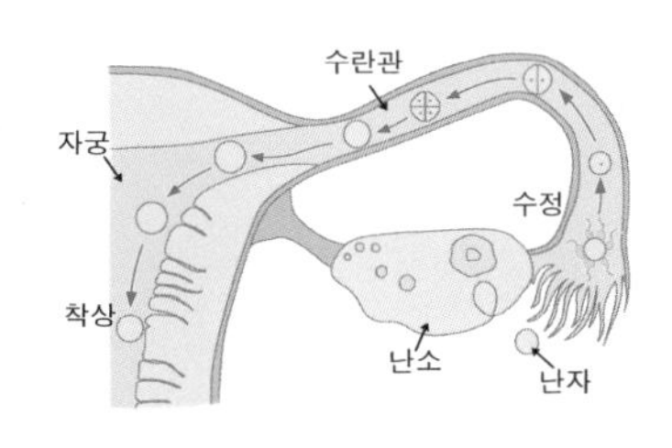

수정에서 착상까지의 과정

태어날 때부터 여자의 난소에는 난자가 될 세포가 들어 있는데 사춘기가 되면 이 세포가 성숙하여 배란(난자가 난소 밖으로 방출되는 것)이 됩니다. 배란된 난자는 수란관의 끝부분인 나팔관으로 들어가게 되지요. 여자의 배란 현상은 약 28일의 일정한 주기로 좌우 난소에서 교대로 일어나는데, 월경 시작 후 14일째에 배란됩니다. 이렇게 배란된 난자가 수란관의 상부에서 정자와 결합하는 것을 수정이라고 하며, 수정된 난자를 수정란이라고 해요. 이 수정란이 자궁벽에 착상되어(파묻히어) 태아로 자라는 것을 '임신'이라고 한답니다. 이때 태아는 태반을 통하여 모체로부터 산소와 영양분을 공급받으면서 자라지요. 임신 기간은 수정된 날로부터는 약 266일(마지막 월경 시작일로부터 280일)이랍니다.

월경
자궁 내에서 수정이 이루어지지 않으면 수정란 착상을 위해 준비해 두었던 자궁점막이 떨어져 나가게 되는데, 이때 출혈이 발생하는 것을 월경이라고 한다.

◆◆ 남성의 생식기관과 정자

오른쪽 그림처럼 정소, 수정관, 저정낭, 음경 등으로 이루어져 있고 각각의 기능은 다음과 같아요.

남자의 생식기관

- **정소** : 남성 호르몬과 정자가 만들어지는 곳입니다.
- **부정소** : 정자를 수정관으로 운반합니다.
- **수정관** : 정자가 이동하는 통로입니다.
- **저정낭** : 정자를 일시적으로 저장하는 곳입니다.
- **음경** : 정자는 음경을 통하여 여성의 몸속으로 들어갑니다.
- **부속선** : 영양 물질, 물, 점액 등을 분비하여 정액을 만듭니다. 전립선과 요도가 이에 해당합니다.

정자는 오른쪽 그림과 같이 머리, 중편, 꼬리로 구성되며, 각각의 기능은 다음과 같아요.

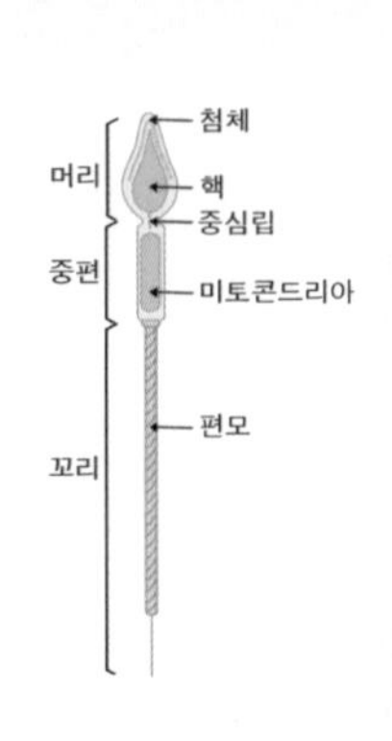

사람의 정자

- **머리** : 핵 속에는 유전 물질이 들어 있습니다. 머리의 앞부분에는 첨체(핵을 감싸고 있는 뚜껑 형태의 기관)가 있어 난자의 막을 녹이고 난자 속으로 들어갑니다.
- **중편** : 미토콘드리아가 있어서 정자의 운동

에 필요한 에너지를 공급합니다.

● **꼬리** : 꼬리를 움직여서 난자가 있는 곳까지 헤엄쳐 접근합니다.

◆◆ 여성의 생식기관과 난자

오른쪽 그림처럼 난소, 수란관, 자궁, 질 등으로 이루어져 있으며, 각각의 기능은 다음과 같아요.

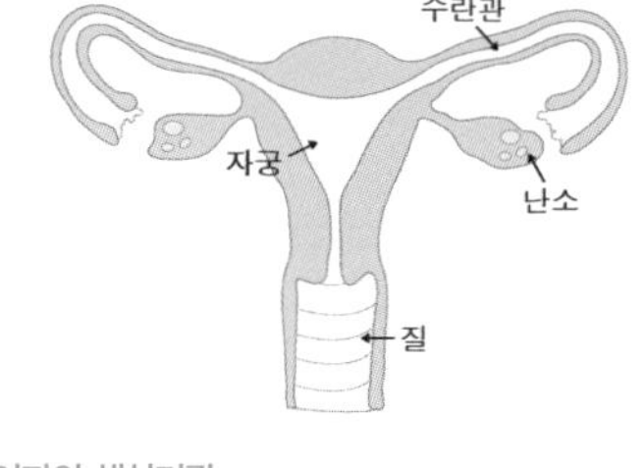

여자의 생식기관

● **난소** : 여성 호르몬과 난자가 만들어지는 곳입니다.

● **수란관** : 난소에서 배출된 난자가 자궁으로 운반되는 통로입니다.

● **자궁** : 자궁은 수정란이 착상하여 태아가 되어 출산할 때까지 자라는 곳입니다.

● **질** : 여성의 자궁으로 들어가는 관 모양의 생식기입니다. 태아가 나오는 길이 되기도 하고, 정자가 들어가는 길이 되기도 합니다.

난자는 중앙에 핵이 있고, 발생에 필요한 영양분(난황)을 포함하고 있기 때문에 정자보다 훨씬 큽니다. 사람의 난자는 지름이 130㎛(마이크로 미터) 정도가 된다고 하네요.

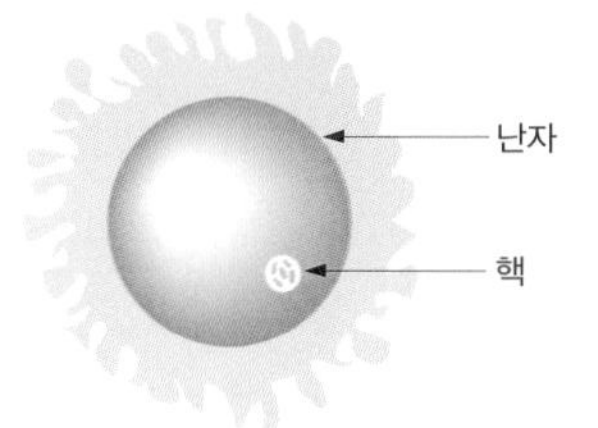

사람의 난자

미리 만나보는 과학논술

사람의 임신과 출산에 관한 서술형 문제

아래 사진의 아이들은 흑인과 백인인 엄마, 아빠한테서 태어난 이란성 쌍둥이 아이들이다. 이렇게 흑인과 백인으로 이란성 쌍둥이가 태어날 확률은 100만분의 1이라고 한다. 이렇듯 주위의 쌍둥이들을 보면 외모가 매우 비슷한 경우도 있고, 전혀 그렇지 않은 경우도 있다. 왜 이런 차이가 나는 것일까?

➡ 쌍둥이는 수정 과정에서 생겨난다. 일란성 쌍둥이와 이란성 쌍둥이가 있는데, 하나의 수정란이 2개로 나뉘어 각각 다른 태아로 태어나는 쌍둥이를 일란성 쌍둥이라 한다.

일란성 쌍둥이는 하나의 정자와 난자에서 태어났기 때문에 서로 같은 성으로 태어나고, 얼굴이나 모습이 매우 비슷하다. 이때 수정란의 분리가 완전하게 일어나지 않으면 몸이나 내장기관의 일부가 붙은 '샴쌍둥이'가 태어나기도 한다.

일반적으로 한 번에 하나의 난자가 배란되지만 두 개의 난자가 배란되는 경우가 있는데, 이때 각각 다른 정자와 거의 같은 시기에 만나 수정되고, 각각의 수정란에서 태어난 쌍둥이를 이란성 쌍둥이라고 한다. 이 경우는 서로 다른 성별의 태아가 태어날 수 있고, 문제의 예와 같이 피부색이 다르게 태어날 수도 있다.

요즘 불임 부부가 늘고 있다는 뉴스를 자주 접하곤 한다. 불임부부들은 인공수정을 통해서 임신할 수 있는데, 인공수정의 방법에는 어떤 것들이 있을까?

인공수정에는 여성의 몸 안에서 수정이 이루어지는 체내 인공수정과 몸 바깥에서 수정이 이루어지는 체외 인공수정이 있다. 체내 인공수정은 남성의 정자를 채취하여 여성의 배란 시기에 주입기를 이용하여 자궁에 넣어 주는 방법이다.

체외 인공수정은 여성의 난자를 채취하여 시험관에서 남성의 정자와 수정시킨 후 3~4일 정도 모체와 같은 조건으로 배양한 후 여성의 자궁에 착상시켜 임신하는 방법이다. 이와 같은 방법으로 태어난 아기를 시험관아기라 부른다.

MILK
CA+

제7부 중학교 3학년

유전과 진화

★멘델의 유전법칙 유전에는 어떤 법칙이 있을까요? ★중간유전 중간유전은 어떤 특성을 가질까요? ★사람의 유전 우리 몸엔 어떤 유전 형질이 들어 있을까요? ★생물의 진화 생물은 어떻게 진화해 왔을까요?

▶▶ 중학교 3학년 **유전과 진화 : 멘델의 유전법칙**

유전에는 어떤 법칙이 있을까요?

만약에! : 엄마, 아빠의 장점만 가지고 태어난다면 얼마나 좋을까 하고 생각해 본 적이 있을 거예요. 하지만 유전이 내 뜻대로 그렇게 이루어지는 것은 아니죠. 유전에는 법칙이 있으니까요. 만약에! 멘델이 완두를 가지고 과학자의 정신으로 끈기 있게 실험하지 않았다면 유전에 관한 법칙은 아마 한참 후에 알려졌을 거예요.

생활 속 과학 이야기 1

가족끼린 왜 서로 닮은 걸까요?

부모님과 형제를 자세히 살펴보아요. 얼굴 형태, 눈 크기, 머리카락, 손가락 길이, 발가락 모양, 피부색, 키 크기 등 눈에 보이는 부분 외에도 목소리, 성격 등 많은 부분이 서로 닮은 것을 알 수 있을 거예요. 과연 가족끼리는 왜 그렇게 서로 닮은 것일까요?

서로 닮은 가족의 모습
머리카락 색깔이 비슷함을 알 수 있다.

키, 혈액형, 잎 모양, 꽃잎 색 등과 같이 생물이 지닌 여러 가지 모양이나 성질을 '형질'이라고 하며, 이러한 형질이 자손에게 전해지는 현상을 '유전'이라고 해요. 그런데 가족 사이에 공통적인 특징이 나타나는 까닭은 바로 부모님의 특징이 유전 물질을 통해 자식에게 유전되기 때문이지요.

옛날 사람들도 유전에 대해서 알고 있었어요. 자식이 부모의 모습을 꼭 빼닮은 것을 보거나 농사를 지으면서 동물이나 식물의 유전 현상을 경험했기 때문이지요. 그래서 "콩 심은 데 콩 나고, 팥 심은 데 팥 난다."라는 속담도 생겼을 것입니다. 그들은 이러한 경험을 바탕으로 좋은 형질의 가축이나 더 많은 열매를 맺는 품종의 작물을 만드는 데 유전 현상을 이용하기도 했답니다.

하지만 과거에는 어떤 규칙으로 유전이 일어나는지에 대해서는 정확하게 알지 못했어요. 19세기까지 세상 사람들은 융합유전설을 믿었는데, 서로 다른 색깔의 물감을 섞었을 때 이들이 융합되어 중간색을 나타내는 것처럼 어버이의 유전 형질이 자손에게 융합되어 나타난다는 이론이었죠.

예를 들어, 한쪽은 키가 크고 한쪽은 키가 작은 부모에게서는 중간 키의 자손이 태어난다는 이야기죠.

융합유전설은 생각하기에는 그럴 듯했지만 실제로는 설명할 수 없는 일들이 많이 생겼지요. 부모 모두 보조개가 있으면 자식의 경우도 반드시 보조개가 있어야 하는데, 실제로는 보조개가 없는 자식이 태어나기도 했으니까요. 또한 앞의 예처럼 한쪽은 키가 크고 한쪽은 키가 작은 부모의 자식은 부모 키의 중간 크기로 태어나야 하는데 그렇지 않은 경우도 많았으며, 이론적으로 여러 세대 후에는 세상 모든 사람들이 모두 중간 키여야 한다는 얘기가 나올 수밖에 없습니다. 하지만 별 다른 유전 이론이 없었기 때문에 사람들은 융합유전설을 계속 믿었답니다.

유전법칙을 발견한 멘델

그런데 오스트리아 출신의 사제로 아마추어

과학자였던 멘델(Gregor Johann Mendel, 1822~1884)은 오랜 기간 과학적인 실험을 통해 융합유전설이 설명하지 못하는 유전 현상을 밝혀냈답니다. 멘델은 성당 안의 작은 밭에서 약 8년 동안 완두를 재배하여 유전 법칙을 밝히고 1865년 이 연구를 발표하였어요. 하지만 당시에는 인정받지 못했답니다. 그의 이론이 워낙 시대를 앞선 이유도 있었지만 그가 정식으로 학위를 받지 않은 아마추어 과학자였기 때문이었지요.

하지만 멘델이 죽은 지 16년 후인 1900년에 드브리스, 코렌스, 체르마크 등의 학자들이 실험을 계속하여 멘델의 유전법칙이 유전을 설명하는 규칙임을 증명하였습니다.

완소 강의

멘델의 유전법칙

◆◆ 멘델이 완두로 실험한 이유

자연과학에서 실험을 할 때 적합한 재료를 구하는 것은 실험 성공을 위한 필수 조건입니다. 멘델이 유전법칙을 발견한 것도 실험 재료와 방법을 잘 선택했기 때문이지요.

완두 꽃

멘델은 실험 재료로 완두를 사용했습니다. 완두는 주변에서 쉽게 구할 수 있고 재배하기도 쉬워요. 그뿐만 아니라 화분이 같은 꽃의 암술에 수분되는 자화수분이 가능하지요. 그래서 수술을 제거해 주면 다른 꽃과 수분될 염려가 없어 인위 교배가 쉽고 열매를 많이 맺어 실험 결과를 통계적으로 나타내는 데 좋기 때문에 유전 실험 재료로 완두는 아주 적합한 식물이랍니다. 또 어느 한 형질에서 뚜렷하게 비교되는 형질을 '대립 형질' 이라 하는데, 완두는 대립 형질이 뚜렷해서 결과를 비교하기에도 좋은 식물이지요.

◆◆ 완두의 대립 형질

완두는 대립 형질이 뚜렷하고 그 종류가 많습니다. 멘델은 자신의 실험에 필요한 대립 형질을 얻기 위해 완두를 실험 대상으로 택한 후에도 철저한 검증을 했답니다. 그는 무려 34종의 완두 변종을 실험했고, 그중에서 세대마다 공통적으로 나타나는 씨 모양, 씨 색깔, 꽃의 색깔, 콩깍지 모양, 콩깍지 색깔, 꽃이 피는 위치, 줄기의 키 등 아래 그림처럼 모두 7가지 대립 형질을 골랐습니다.

형질	종자의 모양	종자의 색	종자 껍질의 색	콩깍지의 모양	콩깍지의 색	꽃의 위치	줄기의 키
우성	둥굴다	황색	갈색	매끈하다	녹색	잎겨드랑이	크다
열성	주름지다	녹색	흰색	잘룩하다	황색	줄기의 끝	작다

멘델이 선택한 완두의 7가지 대립 형질

멘델이 선택한 7가지 대립 형질은 매우 과학적인 선택이었습니다.(오늘날 완두에 정확히 7개의 염색체가 있다는 것이 밝혀졌어요.) 그 이유는 다음과 같아요. 만약에 멘델이 7개가 아닌 8개의 대립 형질을 선택했더라면 그중 두 개의 형질은 함께 유전되어 연구에 큰 혼란이 생겼을 것입니다. 또한 7개의 형질을 택하더라도 다른 형질을 택했다면 몇 몇 형질은 서로 연관되어 결과가 나타났을 것이므로 역시 연구에 큰 어려움이 있었을 것입니다. 그런데 멘델이 선택한 형질들은 서로 독립적으로 유전하는 것이었으므로 그의 연구는 뚜렷한 결과를 얻을 수 있었답니다.

◆◆ 멘델의 과학적인 연구 방법

멘델은 체계적으로 많은 수의 완두를 인공으로 교배시켰습니다. 여러 해에 걸쳐 그는 약 1만 2,000그루의 완두를 교배했는데, 완두 한 그루마다 다음과 같은 작업을 일일이 해야 했으므로 결코 쉬운 일이 아니었답니다.

완두의 꽃은 한 꽃에 암술과 수술이 있는 양성화입니다. 따라서 멘델이 원하는 교배의 결과를 얻으려면 교배에 앞서 먼저 모계의 완두에 있는 수술을 제거하는 작업이 필요했지요. 수술 제거 작업은 꽃이 피고 수술의 꽃밥이 터지기 전 상태에서 해야 해요. 수술 제거 작업을 한 후에는 봉지를 씌워 다른 꽃에서 함부로 꽃가루를 가져오는 벌과 같은 곤충의 방문을 막아야 하고요. 또한 마찬가지로 부계의 꽃망울에도 봉지를 씌워 다음날 꽃이 필 때 혹시 있을지 모를 화분 오염을 막습니다. 그리고 다음날, 즉 꽃이 피는 날 부계의 수술에서 화분을 붓에 묻혀 모계의 암술머리에 발라 줍니다. 그리고 다시 봉지를 씌운 후 종자를 맺을 때까지 기다리지요. 이런 일을 약 1만 2,000번 이상 했고, 그 결과를 일일이 정리한 것을 보면 멘델이 얼마나 철저한 과학자 정신을 가지고 있었는지 알 수 있습니다.

◆◆ 멘델이 알아낸 세 가지 유전법칙

우열의 법칙

순종의 대립 형질을 교배했을 때, 잡종 제1대(F1)에 우성 형질을 가진 개체만 나타나는 것을 말합니다. 예를 들어, 키가 큰 완두 순종(TT)인 것과 키가 작은 완두 순종(tt)을 교배하면 잡종 제1대(F1)에서는 오른쪽 그림처럼 키가 큰 완두(Tt)만 나타납니다. 이것은 키가 큰 완두가 우성임을 나타내는 것입니다.

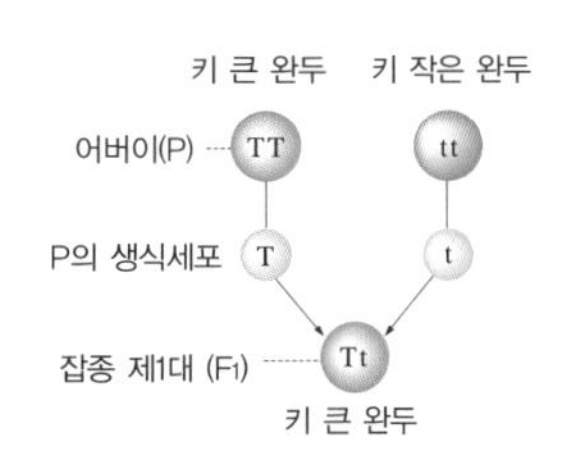

우열의 법칙

분리의 법칙

잡종 제1대(F1)를 자화수분시키면 잡종 제1대(F1)에 숨어 있던 열성 형질이 나타나 잡종 제2대(F2)에서 우성과 열성의 형질이 일정한 비(3:1)로 나타나는 현상입니다. 예를 들어, 잡종 제1대(F1)에서 얻은 키가 큰 완두(Tt)를 자화수분시키면 오른쪽 그림처럼 잡종 제2대(F2)에서는 키가 큰 완두(TT, Tt)와 키가 작은 완두(tt)가 3:1의 비율로 나타납니다.

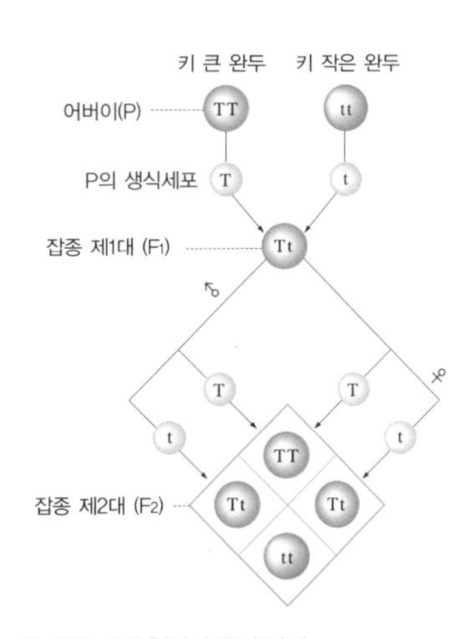

한 쌍의 대립 형질의 유전 얼개

독립의 법칙

두 쌍의 대립 형질이 함께 유전될 때, 각각의 형질은 서로 간섭하지 않고 우열의 법칙과 분리의 법칙에 따라 독립적으로 유전되는데, 이를 독립의 법칙이라고 합니다. 순종의 둥글고 황색인 완두(RRYY)와 주름지고 녹색인 완두(rryy)를 교배하면 잡종 제1대(F_1)에서는 둥글고 황색인 완두(RrYy)만 나타납니다. 그러나 잡종 제1대(F_1)를 자화수분시키면, 잡종 제2대(F_2)에서는 표현형의 분리비가 '둥글고 황색 : 둥글고 녹색 : 주름지고 황색:주름지고 녹색 = 9:3:3:1' 로 나타납니다.

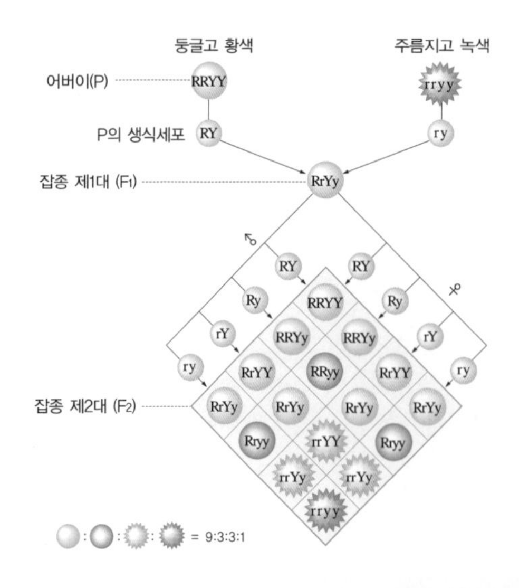

두 쌍의 대립 형질의 유전 얼개

미리 만나보는 과학논술

멘델의 유전법칙에 관한 서술형 문제

여름철에 과일 껍질이나 야채를 오래 두면 아래 사진에 보이는 초파리가 생기기 쉽다. 초파리는 흔히 보이는 파리보다 훨씬 작은 파리로 상한 과일 등을 먹이로 살아가는 파리이다. 이 초파리가 유전 연구에 사용된다고 하는데, 그 이유는 무엇일까?

초파리가 유전학 연구에 좋은 이유는 한 세대의 일생이 12~15일 정도로 짧고 번데기에서 초파리가 된 후 약 8시간만 지나면 번식이 가능하기 때문이다. 그러므로 실험에 소요되는 시간이 다른 생물에 비해 짧고 교배가 쉽다.

또한 교배 후 생기는 자손의 수가 많으며, 눈의 색, 날개의 유무 등 여러 가지 대립 형질을 뚜렷하게 관찰할 수 있다. 그리고 염색체의 수가 8개밖에 안 되며, 침샘 세포에 있는 염색체의 크기가 커서 관찰이 쉽다. 또 몸집이 작기 때문에 적은 비용으로 좁은 공간에서 사육시킬 수 있는 실험상의 이점들도 있다.

두부나 콩나물 포장지에 보면 유전자 조작 농산물이 사용되지 않았다는 문구를 보게 된다. 유전자 조작 농산물은 무엇이며, 문제점은 없는지 설명하시오.

유전자 조작 농산물이란 유전공학 기술로 농산물의 유전자를 변형시켜서 생산량을 늘리거나 재배나 가공을 쉽게 만든 농산물로서 미래의 식량 부족을 해결할 작물로 각광을 받아왔다. 이러한 방법으로 만든 농산물로 제초제에 강한 콩, 무르지 않는 토마토, 모유와 같은 우유 등 약 80여 종류가 개발되었다.

그러나 유전자 변형 농산물을 오랜 기간 먹었을 때 건강상의 문제가 생길 수 있다. 그 이유는 유전자 변형 농산물을 생산하기 위해 농작물의 유전자에 동물이나 식물 박테리아, 또는 바이러스 등에서 필요한 유전자를 뽑아 이식시키기 때문이다. 따라서 박테리아나 바이러스 등에서 뽑아 낸 유전자가 잘못 작동하여 우리 몸에 예상치 못한 독성으로 작용하고 알레르기 등을 일으켜 인체에 해를 끼칠 수도 있는 것이다.

또한 이들 농작물이 생태계에 부정적인 영향을 끼쳐 생태계를 교란시킬 수도 있다. 예를 들어, 유전자 변형으로 생산한 옥수수의 꽃가루를 먹은 어느 지역의 나비들이 모두 죽었다는 보도가 있었다. 이런 일이 확대된다면 나비들이 멸종할 위험이 생기는 것이다.

그래서 우리나라에서는 2001년 3월부터 소비자에게 올바른 구매 정보를 제공하기 위하여 농수산물품질관리법에 근거하여 콩, 옥수수, 콩나물, 감자에 대한 유전자변형 농산물표시제를 시행하고 있다.

▶▶ 중학교 3학년 **유전과 진화 : 중간유전**

중간유전은 어떤 특성을 가질까요?

만약에! : 멘델의 유전법칙이 완벽한 것만은 아니었어요. 그 이후에도 중간유전이라는 또 하나의 현상이 발견되었으니까요. 만약에! 중간유전이 발견되지 않았다면 우린 혈액형이 어떻게 유전되는지 몰랐을 거예요.

생활 속 과학 이야기 1

멘델의 유전법칙에 적용되지 않는 유전도 있나요?

순종의 붉은색 분꽃과 흰색 분꽃을 교배시키면 잡종 제1대에서 분홍색 분꽃이 나옵니다. 또 잡종 제1대를 자화수분시키면 붉은색, 분홍색, 흰색의 꽃을 가진 개체가 1:2:1의 비로 나타납니다.

이러한 결과를 놓고 보면 멘델의 우열의 법칙, 분리의 법칙 등이 들어맞지 않는다는 것을 알 수 있습니다. 왜 분꽃은 멘델의 유전법칙에 적용받지 않는 것처럼 보이는 걸까요? 그것은 코렌스란 사람이 나중에 또 하나의 법칙을 발견했기 때문이에요.

중간유전을 하는 분꽃

멘델의 유전법칙에서 설명한 것처

럼 붉은색 분꽃의 유전자형을 RR, 흰색 분꽃의 유전자형을 WW라고 하면, 잡종 제1대는 RW의 유전자형을 가진 개체가 나오게 됩니다. 이때 R과 W의 대립 형질 사이에서 우성과 열성의 관계가 불안정하면 이 두 형질의 중간형인 분홍색의 꽃이 피게 되는 것입니다.

이처럼 대립 형질 사이에서 우열 관계가 불완전하여 부모의 중간형이 유전되는 현상을 중간유전이라고 합니다. 이런 중간유전의 예로는 분꽃의 색뿐만 아니라 나팔꽃의 색, 갈색 갈기를 가진 말과 흰색 갈기를 가진 말 사이에서 팔로미노라는 금색 갈기를 갖는 말이 태어나는 현상 등이 있습니다.

생활 속 과학 이야기 2

사람의 혈액형은 어떻게 유전될까요?

한때 혈액형으로 사람의 성격을 구별 짓는 일이 유행처럼 번진 적이 있지요. A형의 사람은 꼼꼼하지만 소심한 성격이라느니, O형의 사람은 밝고 적극적인 성격이라느니 하면서 혈액형과 성격을 연관시켰죠. 그렇다면 과연 혈액형이란 무엇이고 혈액형은 어떻게 유전되는 것일까요?

혈액형은 혈액 속의 적혈구에 있는 단백질의 종류에 의해 결정됩니다. 혈액형을 나누는 방법으로는 우리가 흔히 아는 A형, B형, O형, AB형으로 나누는 ABO식이 있습니다. ABO식은 혈액형의 유전자를 A, B, O의 세 가지 기호로 나타낸 것이고, 이들은 각각 대립유전자입니다. 유전자 A와 B는 서로 불완전 우성이며, 유전자 O에 대해서는 각각 우성을 나타내지요. 따라서 혈액형이 A형인 사람의 유전자형은 AA나 AO, B형인 사람은 BB나 BO, AB형인 사람은 AB, O형인 사람은 OO랍니다. 이러한 혈액형은 부모의 혈액형에 의해 결정되는데, 만약 부모가 모두 O형이면 자식은 O형만 태어나지요. 반면에 A형과 B형의 부모라면 그 자식은 A형이나 B형 또는 O형 등 모든 혈액형을 가질 수 있는 가능성이 있답니다.

그 외에 혈액형을 나누는 방법으로 Rh식이 있습니다. Rh식 혈액형의 유전은 Rh+와 Rh−의 유전자가 관계하지요. Rh+ 유전자가 Rh−에 대해 우성으로 멘델의 유전법칙에 따라서 유전이 된답니다. 가끔 텔레비전을 통해 병원에서 Rh− 혈액형의 피가 부족하여 헌혈이 필요하다는 자막을 볼 때가 있습니다. 그것은 우리나라 사람들에게는 Rh− 혈액형이 아주 드물기 때문이랍니다. 백인들에게는 Rh−가 약 16% 정도로 적지 않지만, 우리나라 사람의 경우는 0.1~0.3% 정도로 그 수가 아주 적거든요.

그렇다면 많은 사람들이 믿는 대로 혈액형에 따른 성격의 차이가 정말 있는 걸까요? 혈액형은 세 가지 대립 유전자에 의해 결정되지만 사람의 성격을 형성하는 것은 유전적인 영향뿐만 아니라 성장하는 동안 주변 환경이 미치는 영향이 더욱 큽니다. 따라서 서로 결정되는 방식이 다른 혈액형과 성격을 연관시켜서 자신이나 다른 사람에 대한 선입관을 가지는 것은 합리적이지도 과학적이지도 않답니다.

완소 강의

중간유전을 하는 AB형

◆◆ 멘델 이후에 발견한 중간유전

생물의 형질 중에도 부모의 중간 형질이 유전되는 현상을 말합니다. 1903년 독일의 코렌스가 화단에 많이 심곤 하는 분꽃에서 처음으로 발견하였지요. 중간유전이 발생하는 것은 멘델의 유전법칙이 틀려서 그런 것이 아닙니다. 대립 유전자 사이에 우열 관계가 불완전하기 때문에 잡종 제1대가 우열의 법칙에 따르지 않고 어버이의 중간 형질이 나타나기 때문이지요. 중간유전을 하는 예로는 분꽃의 꽃 색깔, 둥근 잎 나팔꽃의 꽃 색, ABO식 혈액형의 AB형 등이 있습니다.

분꽃의 중간유전

분꽃의 꽃 색이 붉은색인 것과 흰색인 것을 교배하면 잡종 제1대에서는 어버이의 중간 색깔인 분홍 꽃만 나타납니다. 이는 붉은색 유전자와 흰색 유전자 사이에 우열 관계

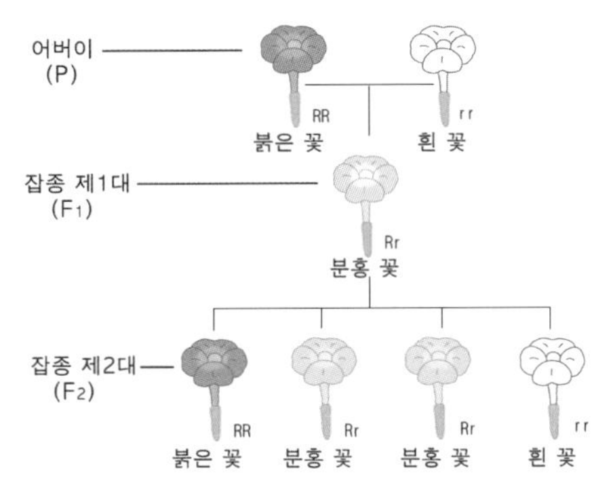

분꽃의 중간유전

가 불완전하기 때문이지요. 또한 잡종 제1대의 분홍 꽃을 자가수분시키면 잡종 제2대에서는 붉은 꽃, 분홍 꽃, 흰 꽃이 1:2:1의 비로 나타납니다.

ABO식 혈액형의 중간유전

ABO식 혈액형에서 혈액형의 유전자는 A, B, O의 세 가지가 있으며, 유전자 A와 B 사이에는 우열 관계가 없고, A와 B는 각각 O에 대하여 우성(A=B>O)입니다. 따라서 ABO식 혈액형으로 따질 때 사람의 혈액형은 중간유전을 한다고 할 수 있답니다. 중간유전을 하는 혈액형은 AB형이에요. 멘델의 우열의 법칙에서는 대립유전자가 동시에 존재하면 우성인 형질만 발현되어야 하는데, AB인 경우에는 A형도, B형도 아닌 제3의 AB형이 생기거든요. 그 이유는 유전자 A와 B 사이에 우열이 없고 동등(혹은 우열이 불명확)하기 때문입니다. 이것은 분꽃의 중간유전처럼 붉은색인 꽃과 흰색인 꽃을 교배했을 때 분홍색 꽃이 나타나는 경우와 같습니다. 그래서 사람의 ABO식 혈액형은 중간유전을 한다고 말하는 것입니다.

그리고 우리가 흔히 사용하는 A형, B형, AB형, O형은 혈액형의 표현형을 말하는 것이고, 실제 유전자형은 다음 표와 같습니다.

표현형	A형	B형	C형	O형
유전자형	AA, AO	BB, BO	AB	OO

미리 만나보는 과학논술

중간유전에 관한 서술형 문제

AB형인 사람은 AB형뿐만 아니라 A, B, O형 혈액을 모두 수혈 받을 수 있다고 한다. 그 이유는 무엇일까?

➲ 서로 다른 혈액형의 피를 수혈할 수 없는 이유는, 다른 혈액형의 피가 들어왔을 때 응집(피가 굳는 현상)을 일으키는 항체가 혈액 속에 들어 있기 때문이다.

A형의 혈액은 B형에 대한 항체가, B형의 혈액에는 A형에 대한 항체가 들어 있고, O형에는 A형, B형에 대한 항체가 모두 들어 있어 수혈을 하면 응집이 일어나 생명이 위험하게 된다. 하지만 AB형은 항체가 들어 있지 않아 AB형에 다른 혈액형의 혈액을 수혈해도 응집이 일어나지 않으므로 수혈이 가능하다.

또한 A형과 B형에는 O형의 혈액을 수혈해도 괜찮은데, 그 이유는 O형의 혈액에는 A형과 B형에 대한 응집원이 없기 때문에 응집이 일어나지 않기 때문이다. 그러나 최근에 O형의 혈액을 다른 형의 혈액에 수혈했을 때 혈구(백혈구나 적혈구)의 응집이 일어날 수 있다는 연구 결과가 보고된 일이 있다. 그러므로 오늘날에는 동일한 혈액형의 수혈이 원칙으로 되어 있다.

▶▶ 중학교 3학년 **유전과 진화 : 사람의 유전**

우리 몸엔 어떤 유전 형질이 들어 있을까요?

만약에! : 사람의 유전에 대해 연구하는 것은 매우 어려운 일이라고 합니다. 왜냐하면 사람은 자유롭게 교배실험을 할 수 없고, 자손의 수도 적어 통계를 내기 어렵기 때문이죠. 만약에! 특정 형질의 유전자를 가진 가족이나 쌍둥이를 비교 연구하는 방법이 없었다면 사람의 유전 연구는 더욱 어려워졌을 거랍니다.

생활 속 과학 이야기 1

유전자감식법이 무엇인가요?

2003년 2월 18일, 대구 지하철 내에서 화재가 발생해 많은 사람이 죽는 어처구니없는 참사가 발생하였습니다. 얼마나 참혹한 사고였냐 하면 이 화재로 인해 사망자들의 시신이 많이 훼손되어 가족을 찾을 수 없을 정도였지요. 그런데 이때 사망자의 가족을 찾아주기 위해 유전자감식법이 사용되었습니다.

대구 지하철 참사의 현장

피를 나눈 가족이라면 같은 유전자를 물려받는 것은 당연한 일이기 때문에 부모와 자식도 유전자가 같을 수밖에 없습니다. 그래서 대형사고에서 시신이 훼손된 경우, 육안으로는 가족을 찾을 수 없기 때문에 유전자 검사를 통해 신원을 확인하는 것입니다. 이렇듯 유전자감식법은 사망자의 가족을 찾는 일뿐만 아니라 경찰의 범인 수사나 친자 확인 등에도 사용한답니다.

생활 속 과학 이야기 2

혈우병은 왜 남자만 걸릴까요?

만약 상처에서 피가 멈추지 않는다면 어떻게 될까요? 과도한 출혈로 우리 몸은 쇼크를 받게 되고 결국 죽게 될 것이 분명합니다. 하지만 다행하게도 이러한 상황이 일어나지 않도록 혈소판이 우리 혈액 속에 있다고 앞에서 배웠었지요. 그런데 피가 나도 잘 멈추지 않는 질병이 있어요. 혈소판의 생성에 문제가 생겨 혈액 속에 혈소판이 생기지 않는 병으로 혈우병이라고 부릅니다. 그런데 대부분의 환자가 남자들이랍니다. 그렇다면 혈우병은 왜 남자만 걸릴까요?

사람은 성염색체의 종류에 따라 남자와 여자가 구분됩니다. 감수분열을 할 때 성염색체가 각각 분리되어 생식세포로 들어가는데, 남자가 만드는 정자 중 반은 X 염색체를 가지고, 나머지 반은 Y 염색체를 가집니다. 한편, 여자가 만드는 난자는 모두 X 염색체를 가지지요. 따라서 사람의 성은 난자가 어떤 성염색체를 가진 정자와 수정하는가에 따라 결정됩니다.

그런데 X 염색체 위에 어떤 형질을 결정하는 유전자가 있으면 성에 따라 그 형질이 유전되는 빈도가 달라지는데, 이러한 현상을 '반성유전'이라 합니다. 반성유전의 대표적인 예로는 혈우병, 색맹, 헌터증후

군 등이 있어요.

혈우병 유전자는 X 염색체 위에 있으며 정상에 대하여 열성입니다. 남자의 경우 X 염색체 위에 혈우병 유전자가 있으면 그대로 표현되어 혈우병 환자가 됩니다. 여자는 X 염색체 하나에만 혈우병 유전자가 있는 경우에는 정상(보인자)으로 나타나고, X 염색체 두 개 모두 혈우병 유전자가 있으면 혈우병으로 나타나게 됩니다. 그런데 혈우병 유전자는 치사 유전자(발생 과정에서 개체로 성장하기 전에 사망하게 작동하는 유전자)이기 때문에 상동염색체 모두에 혈우병 유전자가 있는 여자 아이의 경우 태아기에 사망하게 됩니다. 반면에 남자는 상동염색체 한쪽에만 혈우병 유전자가 있어 치사 유전자가 작동하지 않아 태아기에 사망하지 않습니다. 하지만 매우 드물게 혈우병을 가진 여자 아이가 죽지 않고 태어나기도

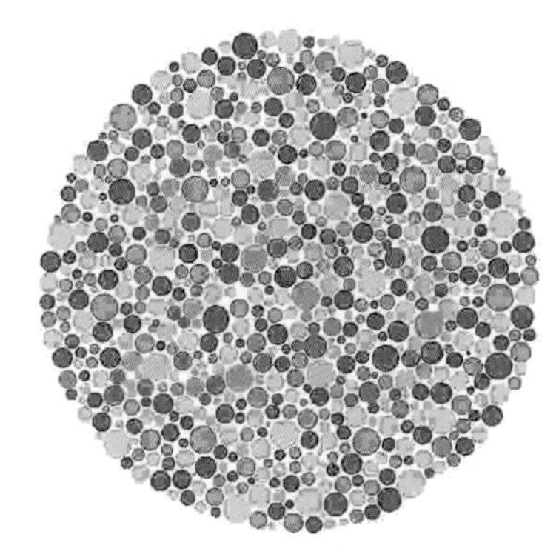

색맹검사에 쓰이는 카드

하는데, 이 경우도 곧 사망한다고 합니다.

또한, 색맹 유전자도 X 염색체 위에 있기 때문에 혈우병과 유사한 방식으로 유전됩니다. 즉 색맹 유전자를 가진 X 염색체를 가진 남자는 색맹이 됩니다. 여자는 X 염색체 하나만 있는 경우 정상(보인자)으로 나타나고, X 염색체 두 개 모두 색맹 유전자가 있으면 색맹으로 나타납니다. 따라서 여자보다 남자에게서 색맹이 많은 것이지요.

한편, Y 염색체 위에 있는 유전자가 나타내는 형질은 항상 남자에게 유전되는데 이러한 유전 현상을 '한성유전'이라 합니다. 한성유전의 대표적인 예로 사람의 '귓속털과다증' 유전이 있습니다.

보인자
겉으로 드러나지 않은 유전 형질을 지니고 있는 사람이나 생물을 가리키는 말

완소 강의

유전에 관한 비밀을 밝혀라!

◆◆ 유전 연구를 하는 것이 왜 어려울까?

다른 생물처럼 자유롭게 교배실험을 할 수 없고 자손의 수가 적기 때문에 사람의 유전 현상에 대한 연구는 통계 처리가 매우 어렵습니다. 또한 세대가 길기 때문에 여러 세대에 걸친 유전 양상을 관찰하기 힘들고, 키나 몸무게처럼 여러 쌍의 유전자에 의해 유전되는 형질이 많아서 결과를 분석하기가 힘들지요. 이 때문에 특정 형질을 가진 가족 구성원 전체의 유전 형질을 조사하거나 일란성 쌍둥이와 이란성 쌍둥이를 비교하여 연구하는 방법 등이 많이 사용되었고, 최근에는 유전자 자체를 연구하면서 우리 몸의 유전에 대한 비밀을 점차 깊

게 파헤치고 있답니다.

◆◆ 미맹의 유전

PTC 용액의 쓴맛을 느끼지 못하는 사람을 '미맹'이라고 하는데, 미맹은 PTC 용액의 맛만 느끼지 못할 뿐이지 음식물의 맛을 느끼는 데에는 지장이 없으며, 또한 신체적인 결함도 아닙니다.

미맹 형질을 나타내는 유전자는 정상 형질을 나타내는 유전자에 대하여 열성이며, 멘델의 우열의 법칙에 따라 유전됩니다. 또한 미맹 유전자는 상염색체에 있으므로 남녀의 성과는 관계없이 유전됩니다.

◆◆ 혀 말기의 유전

사람 중에는 혀를 U자형으로 둥글게 말아서 내밀 수 있는 사람(U자형)과 혀를 말지 못하고 수평으로만 내밀 수 있는 사람(수평형)이 있습니다. 혀를 말 수 있는 형질이 말 수 없는 형질에 대하여 우성이고, 멘델의 우열의 법칙에 따라 유전됩니다. 또한 혀 말기 유전은 남녀의 성과 관계없이 유전됩니다.

◆◆ 귓불의 유전

사람은 귀에 귓불이 있는 사람과 귓불이 없는 사람이 있는데, 귓불이 있는 형질이 귓불이 없는 형질에 대하여 우성이고, 멘델의 우열의 법칙에 따라 유전됩니다. 이것 또한 미맹이나 혀 말기와 같이 남녀의 성과 관계없이 유전됩니다.

◆◆ 색맹의 유전

대부분의 유전 형질은 남자와 여자에게 같은 비율로 나타납니다. 그래서 혈액형이 A형인 남자와 여자의 수는 거의 비슷하지요. 하지만 어떤 형질의 경우에는 남자와 여자에 따라 발생하는 비율이 다르답니다. 대표적인 예로 색깔을 제대로 구별하지 못하는 색맹이 있지요.

색맹 중에는 특히 적색과 녹색을 잘 구별하지 못하는 적록 색맹이 많아요. 색맹이 남녀의 성에 따라 다르게 나타나는 것은 색맹 유전자가 성염색체인 X 염색체에 있기 때문이에요. 남성의 염색체는 XY이고, 여성의 염색체는 XX인데, 남성의 경우에는 X 염색체에 있는 색맹 유전자가 나타나 색맹이 되지만, 여성의 경우에는 두 개의 X 염색체에 색맹 유전자가 모두 있어야 색맹이 된답니다. 그러므로 남성이 색맹이 될 확률이 여성보다 높답니다.

미리 만나보는 과학논술

사람의 유전에 관한 서술형 문제

대머리가 주로 남자에게 나타나는 이유는 무엇일까?

대머리 유전이 '다인자유전'이라는 학설이 인정받고 있다. 다인자유전은 어떤 형질의 발현이 하나 이상의 유전자 활동에 의해 지배 받는 것을 말하는데, 대머리를 발생시키는 유전인자를 많이 가지고 있을수록 대머리가 될 확률이 높다는 말이다. 또한 남성 호르몬도 대머리 유전자를 증가시키는 중요한 역할을 하는 것으로 밝혀졌다. 따라서 대머리가 주로 남자에게만 나타나는 것은 남성 호르몬의 분비량이 여성에 비해 많기 때문이다.

1917년 제정 러시아는 혁명에 의해 왕조가 무너지고, 이듬해 니콜라이 황제 일가가 처형되는 비극적인 운명을 맞이했는데, 이러한 사건의 배경에는 혈우병 유전이 있었다고 한다. 역사 자료를 조사하여 러시아 왕조의 몰락과 혈우병의 관계를 설명하시오.

영국의 빅토리아 여왕은 혈우병 유전자를 가진 보인자로 그가 낳은 딸들도 모두 어머니와 같이 혈우병 보인자였으며, 손녀였던 알렉산드라 공주가 러시아의 마지막 황제 니콜라이 2세와 결혼하여 낳은 남자 아이도 역시 혈우병이었다. 그러나 혈우병에 대해 무지하였던 때라 니콜라이 황제와 황후는 황위 후계자인 아들의 병을 고치기 위해 라스푸틴이라는 사제를 맹신하기에 이른다.

이를 빌미로 라스푸틴은 온갖 부정부패를 다 저질렀고, 결국 그는 권력에서 소외된 왕족들에 의해 죽임을 당한다. 이후 부정부패에 시달리던 국민들에 의해 러시아 혁명이 발생하게 되고 니콜라이 황제 일가는 처형당하여 러시아 왕조는 최후를 맞이했다.

▶▶ 중학교 3학년 **유전과 진화 : 생물의 진화**

생물은 어떻게 진화해 왔을까요?

만약에! : 다윈은 생물의 진화는 환경의 직접적인 영향에 의하여 변화하는 것이 아니라 생물 내에 있는 환경의 변화에 반응하는 힘에 의한다고 주장하였답니다. 하지만 아직 어떤 진화론도 하나의 학설일 뿐이라고 하네요. 만약에! 진화의 증거가 확실히 밝혀진다면 사람은 앞으로 또 어떻게 진화해 갈지 알 수 있을까요?

생활 속 과학 이야기 1

지구상에는 얼마나 많은 생물들이 살고 있나요?

동물원에 가볼까요? 사자, 호랑이, 원숭이, 기린, 다람쥐 등 잘 알려진 동물들이 많이 있지요? 자, 그럼 동물원 곳곳에 있는 나무들을 봅시다. 그늘을 만들어 주는 느티나무부터 벚나무, 단풍나무, 사철나무 등 나무들도 아주 다양하게 많이 있지요. 그럼 이번엔 그 나무들이 서 있는 풀밭을 한번 볼까요? 풀밭을 자세히 살펴보면 잔디뿐만 아니라 다양한 풀과 곤충들을 볼 수 있지요. 또 풀밭의 흙속을 살펴보면 지렁이, 두더지, 땅강아지와 같은 동물과 여러 미생물들도 살고 있습니다.

동물원을 둘러보고 있는 아이들
동물원에서는 다양한 생물들을 살펴볼 수 있다.

동물원이라는 어쩌면 좁다고 할 수 있는 공간 안에도 이렇게 많은 종류의 생물들이 살고 있는데, 지구 전체에는 얼마나 많은 종류의 생물들이 살고 있을까요? 현재 학자들이 밝혀 낸 생물의 종수는 약 170만 종이라고 알려져 있으나, 지구 생물 전체의 약 10%밖에 해당이 안 된다고 하네요. 실제로 아마존 강 유역의 밀림 지대에 들어가 곤충을 채집하면 대부분 기록되지 않은 새로운 종이라고 합니다. 그렇다면, 어떻게 지구에 이렇게 다양한 생물의 종이 생긴 걸까요?

지금으로부터 약 46억 년 전에 지구가 생겨난 이후 최초로 생물체가 지구에 나타난 것은 약 35억 년 전의 일입니다. 그 후 생명체는 지구의 환경 변화와 더불어 끊임없이 환경에 적응하면서 변해 왔지요. 이렇게 생물이 환경 변화에 적응하면서 변해가는 현상을 진화라고 합니다.

생물의 진화는 화석학 · 발생학 · 해부학적 증거로 알 수 있어요. 화석은 과거에 살던 생물들이 지각변동에 의해 지층 속에 묻혀 보존된 것으로, 지층이 형성된 시기를 비교해 보면 각 시대의 생물 변화를 관찰할 수 있습니다. 예를 들어, 북아메리카 지역의 지층에서 발견되는 말의 화석을 시대 순서로 비교해 보면 처음에는 몸이 작고 발가락이 네 개였다가 점점 현재와 같이 몸도 커지고 발굽을 가진 말로 진화해 왔지요. 또 시조새의 화석은 날개와 깃털이 있어 새와 비슷하지만 부리에 이가 있고 꼬리에 긴 뼈가 있는 점에서 파충류와 조류의 중간적인 특징을 가지고 있었답니다. 이를 통해 파충류에서 조류가 진화한 것을 알 수 있었지요.

결국 생물들은 지구에서 생명이 탄생한 이래로 35억 년이라는 긴 시간 동안 여러 환경에 적응하여 새로운 종을 만들어 내고 환경에 적응하지 못한 종은 멸종하는 변화의 과정을 통해서 지금처럼 다양한 종류의 생물들로 진화해 온 것이랍니다.

생활 속 과학 이야기 2

진화는 어떤 방법으로 진행되나요?

여름이면 휴전선 부근에서 근무하는 군인들 사이에 말라리아가 유행한다는 소식을 텔레비전 뉴스에서 가끔 들을 수 있습니다. 말라리아는 모기가 옮기는데, 말라리아를 일으키는 말라리아원충이 적혈구 속에 들어가 자라다가 다 자라면 적혈구를 터뜨리고 나오는 병이지요. 열대 지방에서는 이 말라리아 때문에 한 해 약 100만 명 이상이 죽기도 해요. 왜 진화를 설명하는데 말라리아 이야기를 하냐고요? 그것

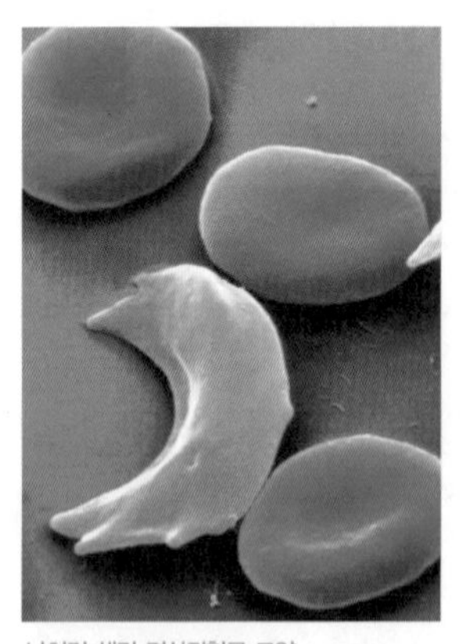

낫처럼 생긴 겸상적혈구 모양

은 바로 말라리아와 겸상적혈구로 진화를 설명할 것이기 때문이에요.

아프리카에 사는 흑인들 가운데는 적혈구가 원형이 아니라 낫 모양처럼 구부러진 유전병(겸상적혈구증)에 걸린 사람이 다른 지역에 비해 많습니다. 이 병에 걸린 사람의 적혈구는 산소를 운반하는 기능이 떨어지고 적혈구 자체가 쉽게 파괴되기 때문에 순환장애가 일어나 오래 살지 못한다고 합니다. 그렇다면 말라리아와 겸상적혈구증 사이에는 어떤 관계가 있는 걸까요?

겸상적혈구증에 걸린 사람은 말라리아원충이 혈액 속으로 들어와도 적혈구 안으로 들어가지 못해서 말라리아에 걸리지 않을 뿐만 아니라, 겸상적혈구 보인자이기는 하지만 정상 적혈구의 사람도(겸상적혈구 유전자가 정상 유전자에 대해 열성) 말라리아에 쉽게 걸리지 않는답니다.

따라서 환경에 가장 잘 적응한 개체는 말라리아와 겸상적혈구증 모두에 쉽게 걸리지 않는 보인자들이지요. 이들의 겸상적혈구 유전자는 자손에 유전되므로 말라리아가 많은 아프리카에는 겸상적혈구증 환자가 다른 지역에 비해 많게 되었답니다. 이처럼 생물이 주위 환경과 반응하면서 자손들의 형질을 변화시켜 환경에 적응하는 것을 '진화' 라고 합니다.

완소 강의

진화론의 발달과 진화의 증거

◆◆ 진화론은 어떻게 시작되었을까?

라마르크의 용불용설

진화의 개념은 최초로 1809년 프랑스의 생물학자 라마르크에 의해서 도입되었습니다. 그는 많이 사용하는 기관은 발달하고 잘 안 쓰는 기관은 퇴화하여 그 특성이 자손으로 유전된다는 내용의 진화론인 '용불용설'을 발표했지요. 그러나 젊어서 불의의 사고로 손가락이 잘린 사람의 자식의 손가락이 온전하듯이, 후천적으로 얻어진 형질은 유전되지 않는다는 점에서 그의 주장은 잘못된 것으로 판명되었답니다.

목이 짧은 기린 ➔ 높은 곳의 나뭇잎을 먹기 위해 목이 긴 기린도 발생 ➔ 목이 긴 기린으로 진화

용불용설에 의한 기린의 진화

다윈의 자연선택설

영국의 박물학자 다윈은 비글호를 타고 세계 일주를 하면서 여러 가지 생물을 조사하고 관찰하였습니다. 그는 이것을 종합하여 1859년 『종의 기원』이라는 책을 발표했고, 이 책에서 진화의 원인을 다음과 같이 주장하였습니다. 생물들은 대부분 많은 자손을 낳는데, 생물이 개체수가 늘어나면 먹이나 서식지와 같은 제한된 환경 조건 때문에 생존 경쟁이 일어나게 되고, 각 개체들 사이에서는 형질의 차이가 있어서 경쟁에 유리한 형질을 가진 개체만 살아남게 되어 자손을 남긴다는 것이죠. 이러한 과정이 여러 세대 동안 진행되면 형질의 변화가 누적되어 원래 조상과 다른 형질을 가진 생물로 진화하게 된다는 것입니다. 이러한 다윈의 주장을 '자연선택설' 이라고 합니다.

자연선택설에 의한 기린의 진화

현대의 진화론

현대의 유전학자들에 의한 진화론은 다음과 같습니다. 네덜란드의 유전학자인 드브리스는, 생물은 돌연변이에 의해서 새로운 종으로 진화한다는 '돌연변이설'을 주장하였습니다. 또한 다른 학자들은, 같은 종의 생물을 높은 산맥이나 바다 등으로 격리해 서로 다른 환경에서 여러 세대에 걸쳐 적응하게 하면 이들 생물들이 서로 다른 종으로 진화한다는 '격리설'을 주장하기도 했습니다.

사실 생물의 진화는 오랜 세월에 걸쳐 이루어질 뿐만 아니라 다양한 변화가 수반되기 때문에 실험적으로 증명하기 어렵습니다. 그렇기 때문에 자연선택설, 돌연변이설, 격리설 등의 진화 이론을 종합하여 생물의 진화 과정을 설명하지요. 예를 들어, 겸상적혈구증 유전은 돌연변이로 생긴 겸상적혈구증 유전자가(돌연변이설) 말라리아가 쉽게 걸리는 환경에 대한 적응의 형질로 자연선택되어 그 형질을 자손에게 물려주는 것(자연선택설)으로 설명할 수 있습니다.

◆◆ 진화의 증거

화석상의 증거

화석으로 존재하는 생물들은 현재의 생물과는 매우 다른데, 이 화석들은 지층이 쌓인 순서대로 나열해 보면 생물의 진화 과정을 파악할 수 있습니다.

예를 들어, 독일 남부 지방의 중생대 중기 지층에서 발견한 시조새 화석은 크기가 비둘기만 하고 모양은 새처럼 생겼지만 파충류의 특징도 있어 파충류에서 조류로 진화해 가는 중간 단계의 생물로 보고 있습니다. 또한 화석을 통해 말도 몸집이나 발굽 수 또는 어금니의 모양이 달라졌음을 알 수 있었습니다.

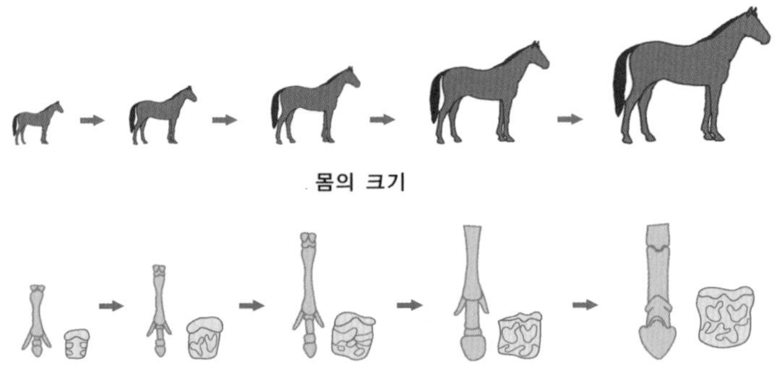

말의 진화

해부학상의 증거

조상이 같은 생물이라도 서로 다른 환경에서 살게 되면 환경에 적응하기 위해 해부학적으로는 동일한 기관이 전혀 다른 기능을 가진 기관으로 발달할 수 있습니다. 다음 쪽에 있는 척추동물의 앞다리 뼈를 비교한 그림을 보세요. 겉으로 드러난 모습을 보면 모양과 기능이 전혀 다르답니다. 사람의 팔과 새의 날개, 고래의 앞 지느러미 등은 누가 봐도 같은 종류의 기관이라고 보기 어려울 거예요. 하지만 이들은 모두 처음에는 동일한 기관에서 진화했지요. 오랜 세월 살아온 환경에 적응하기 위해 사람은 팔로, 새는 날개로, 고래는 앞 지느러미로 모양과 기능을 바꾼 것이랍니다. 이처럼 모양과 기능은 다르나 구조와 발생의 기원 등이 같은 기관을 '상동기관' 이라고 합니다.

반면에 서로 다른 조상으로부터 유래했지만 같은 환경에 적응하면서 형태상 동일한 기능을 하도록 진화한 기관이 있습니다. 잠자리의 날개와 독수리의 날개에서 볼 수 있듯이 곤충의 날개와 새의 날개는 같은 역할을 하지만, 원래는 전혀 다른 기관에서 나온 것이지요. 곤충의 날개는 피부의 일부가, 새의 날개는 앞 다리가 진화한 것이랍니다. 이러한 것을 '상사기관'이라고 한답니다. 상사기관은 생물이 같은 환경에서 생활하게 되면 비슷한 형질을 가지는 방향으로 진화한다는 것을 보여 주는 증거가 됩니다.

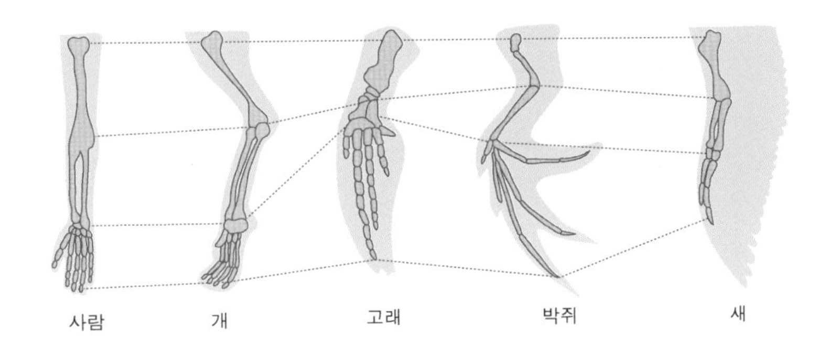

척추동물의 앞다리 뼈 비교

발생상의 증거

다음 쪽의 그림을 보세요. 물고기, 도롱뇽, 거북, 닭, 사람의 발생 과정을 나타낸 것입니다. 첫 단계의 그림은 알이나 어미 뱃속에 있을 때의 모습입니다. 그런데 겉모양이 아주 비슷하지요. 겉모양뿐만 아니라 아가미, 꼬리뼈 등의 기관을 비교해 봐도 아주 흡사하답니다. 하지만 발생이 진행됨에 따라 모양이 많이 달라지는 것을 알 수 있습니다. 이는 척추동물이 원래는 하나의 조상으로부터 진화해 왔기 때문이지요. 그러므로 어떤 의미에서 보면 어항 속의 금붕어나 닭장 속의 닭과 우리는 아주 먼 친척이라고 할 수 있답니다.

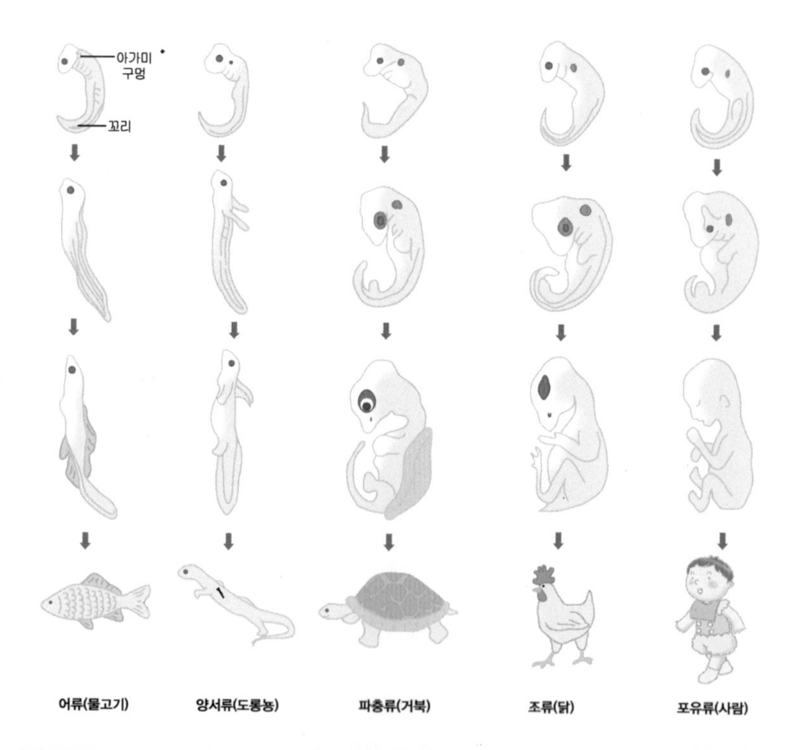

척추동물의 발생 과정 비교

미리 만나보는 과학논술

생물의 진화에 관한 서술형 문제

왜 은행나무를 '살아 있는 화석'이라고 하는 걸까?

은행나무는 약 3억 5,000만 년 전부터 지구상에 존재해 왔다. 공룡이 약 2억 5,000만 년 전에 나온 것으로 알려져 있으니 은행나무는 그보다 1억 년 전에 지구상에 나타난 것이다.

이렇듯 은행나무는 현재까지 우리나라, 중국, 일본 등지에서 멸종하지 않고 지금까지 번성하고 있기 때문에 '살아 있는 화석'이라고 부르는 것이다. 이렇게 살아 있는 화석으로 불리는 생물은 실러캔스, 바다나리, 잠자리, 앵무조개 등이 있다.

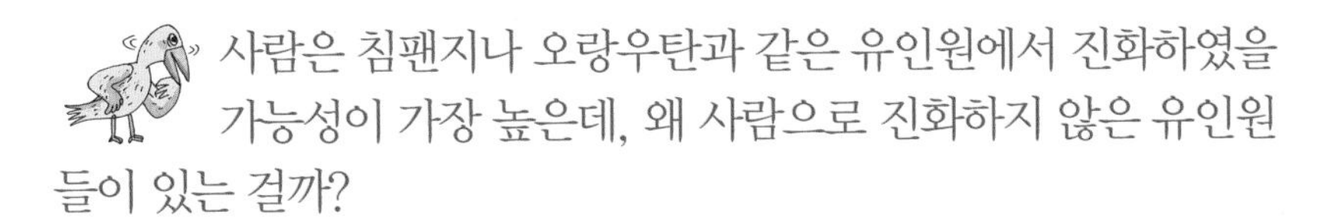

사람은 침팬지나 오랑우탄과 같은 유인원에서 진화하였을 가능성이 가장 높은데, 왜 사람으로 진화하지 않은 유인원들이 있는 걸까?

하나의 공통 조상에서 각각의 환경에 적응해 서로 다른 종이 생겨나는 것으로 생물의 진화는 진행된다. 사람과 진화적으로 가장 가까운 침팬지나 오랑우탄 같은 유인원은 모두 공통의 조상을 가지고 있다. 하지만 공통의 조상을 갖고 있다고 해서 하나의 종으로 진화되지는 않는다. 즉 하나의 공통 조상에서 갈라져 나왔지만 사람, 침팬지, 오랑우탄은 서로 다른 진화의 길을 걷고 있는 것이다. 따라서 현재의 유인원들은 앞으로도 사람으로 진화할 수 없다.

아래 사진은 어류와 양서류의 중간형 생물인 실러캔스의 모습이다. 두 종류의 생물에서 중간형 생물을 찾는 것은 생물의 진화 단계를 밝힐 때 분류학적으로 아주 중요하다고 한다. 그 예를 들어 보시오.

실러캔스

서로 다른 두 종의 중간 단계에 해당하는 생물은 진화가 어떻게 진행되었는지를 알려 주는 중요한 단서가 된다. 생물학자들은 이 중간 단계를 '잃어버린 고리' 라고 표현한다.

대표적인 예로 식물과 동물의 중간 단계인 유글레나, 파충류와 포유류의 중간 단계인 오리너구리, 조류와 파충류의 중간 단계인 시조새, 양치식물과 겉씨식물의 중간 단계인 소철, 고사리 등을 들 수 있다.

하지만 중간 단계에 해당하는 생물의 종류와 그 수가 현저히 빈약하므로 진화에 대해 여러 다양한 반대 이론이 있기도 하다. 따라서 앞으로 더 많은 중간 단계 생물의 발견이 필요하다.